模型入门丛书
《航空模型》出品

# 模型窍门一点通

张 进 著

U0113421

北京航空航天大学出版社
BEIHANG UNIVERSITY PRESS

## 内 容 简 介

本书以通俗易懂的文字、生动传神的手绘图片，图文并茂地将模型爱好者在实践过程中积累的经验及解决常见问题的诀窍展现给读者。全书通过科学的条目进行分类、将零散的模型窍门分门别类，包括零件收纳与整理、常见工具使用技巧以及模型的改装、保护与使用等部分，使读者在需要时能快速查阅。本书是一本适合入门模型爱好者日常使用的参考工具用书。

## 图书在版编目（CIP）数据

模型窍门一点通 / 张进著 . -- 北京：北京航空航天大学出版社，2015.12
ISBN 978 - 7 - 5124 - 1980 - 3

Ⅰ. ①模… Ⅱ. ①张… Ⅲ. ①航模—普及读物 Ⅳ.
①V278 - 49

中国版本图书馆 CIP 数据核字 (2015) 第 300917 号

**模型窍门一点通**

张 进 著

策　划　航空知识杂志社

策划编辑　李博翰

责任编辑　杨　昕

\*

北京航空航天大学出版社出版发行

北京市海淀区学院路 37 号（邮编 100191）　http：//www.buaapress.com.cn

发行部电话：(010) 82317024　传真：(010) 82328026

读者信箱：hkmxtg@sina.com　邮购电话：(010) 82316936

中国铁道出版社印刷厂印装　各地书店经销

\*

开本：700×1 000　1/16　印张：10.75　字数：158 千字

2016 年 4 月第 1 版　2016 年 4 月第 1 次印刷　印数：5 000 册

ISBN 978 - 7 - 5124 - 1980 - 3　定价：49.00 元

# 总　序

　　航空模型是在人类探索航空的过程中产生的。现代航空的先驱们普遍采用了航空模型模拟试验这一简便、安全、有效的方法来研究飞行理论，构思飞行器的方案。因此，航空模型可以看作是航空器的前身、雏形，是人类探索飞行的开路先锋。如今，航空模型已成为一项集科技、教育、体育、实践、科研、竞技等于一体的大众活动。

　　首先，航空模型活动是人们接触航空、学习航空、研究航空的一种途径。特别是青少年学生，很容易在接触航空模型的过程中对航空产生兴趣，进而逐渐从兴趣和爱好上升到为航空事业献身的崇高理想和志愿上。青少年参与航模活动，能亲身经历从构思、设计、制作到飞行的全过程，这种体验是通过其他活动难以获得的。

　　其次，通过参加航空模型活动，可以学习理论和实践相结合的工作方法。因为航模的设计、制作和放飞，必须以航空各有关学科的理论知识为指导，只有这样才可能获得预期的飞行效果；而通过这些实践，又可以进一步加深对理论知识的理解。

　　再次，航空模型活动可以锻炼和提高手脑并用的能力。由自己构思和设计出来的模型，必须亲自动手制作完成，并在放飞的过程中精心调整，才能实践飞行。

　　同时，航空模型活动还是一项竞技运动，具有严格而完善的竞赛规则和创纪录条例。通过不断改进模型性能、提高飞行能力和技巧，以激发青少年的创新精神和进取精神以及为国争光的荣誉感和责任感。

　　航空模型活动不仅对青少年学生的素质培养有着积极的作用，而且顺应了当前素质教育的要求，对航空专业的大专学生及专业人士也大有裨益。许多优秀的飞行员、航空工程师、航空科学家就是从接触航空模型开始的。

　　长期以来，有关航空模型的图书非常稀缺，指导初学者的入门类图书更是凤毛麟角，其相对专业的知识成为阻挡各类出版机构涉足的一大障碍。

为此，航空知识杂志社旗下的《航空模型》杂志利用 30 多年积累的大量作者及内容资源，将纷繁复杂的航空模型领域的知识按照不同项目、不同层次分门别类地进行了梳理，编纂出版了这套《模型入门丛书》，希望为不同知识与能力背景的中小学生、学校航模与科技辅导员、航模爱好者提供相应的指导与帮助。

本套图书共分 4 册，分别为《遥控模型滑翔机基础知识》《电动模型飞机动力系统配置》《模型窍门一点通》和《拼装飞机模型制作工艺》。其中前 3 本的内容为动态模型飞机，既有最流行的项目详解，又有电子动力设备的选型配置推荐，还有关于模型的经验技巧总结。最后一本的内容为静态飞机模型，是一本内容严谨详实的静态模型制作教程。

本套图书的出版自 2014 年启动以来，在创作、策划、编辑出版及制作团队的共同努力以及航空知识杂志社、北京航空航天大学出版社、北京市科学技术委员会的大力支持下，终于如期出版上市。在此，首先要感谢北京市科学技术委员会，特别是项目主管肖健老师，全套图书正是在科委科普专项经费资助下才得以顺利出版。其次，感谢卢征、张宇雄、张进、江东 4 位作者的辛勤创作以及对我们的信任，确保了全套图书得以高质量完成。再次，感谢航空知识杂志社科普期刊事业部领导、同事与北京航空航天大学出版社各位同仁，以及北京丰模世界模型店的大力支持与配合。还要感谢俞敏、武瑾媛、邢强、张锦花、殷灿、张倩、谢步堃等人在项目申报、书稿整理等方面所做的繁杂工作。最后，感谢策划团队宁波、周好楠、李博翰及制作团队闫妍、罗星等人的辛勤付出。

《航空模型》编辑部
《模型入门丛书》策划团队

2015 年 12 月于 北京

# 前　言

　　航空模型是人类在探索、研究航空的过程中产生的，是学习航空的重要途径。而学习航空模型本身则是一个周而复始的渐进过程。在这个过程中，不仅要学习航空理论知识，更要通过实践进一步加深对模型的理解。然而，初次接触模型的人往往在制作或练习中不得其法，浪费了很多不必要的精力，或是购买了大量昂贵的器材、工具却不会使用等。

　　其实在模型的制作过程中，蕴含了很多技巧。合理利用这些技巧不仅可以让工作省时省力，更可事半功倍。除此之外，模型工具的使用方法、零件的整理和归类等，都有不同的诀窍。只要学会这些诀窍，即使是利用生活中常见的工具和材料，也能达到一些专业工具的使用效果。不仅如此，一些归纳、整理模型材料的小窍门，操作简单、成本低廉，更可让原本凌乱的工具收纳变得清晰，让混乱的零件分类变得明确，大大提高了工作效率。

　　掌握这些小窍门，有助于更好地进行航模入门学习，是模型爱好者在入门实践中不可缺少的重要工具。

# CONTENTS 目录

## 1

······· **辅助工具** ·······

辅助定位软压包 ···································· 2

简易模型飞机支架 ·································· 3

保持机身侧板垂直的简易模具 ···················· 4

快速调节螺旋桨平衡 ······························ 5

注射涂胶器 ········································ 6

轻木软化剂 ········································ 7

用钻床加工铰链槽 ·································· 8

使铰链保持原色 ···································· 9

通用平衡支撑杆 ··································· 10

大面积砂纸板 ····································· 11

弯折的别针 ······································· 12

"乐高"万用夹具 ··································· 13

注墨器胶水瓶 ····································· 14

用海绵固定 ······································· 15

透明模板 ········································· 16

"盲用"遥控器旋钮 ································· 17

磁铁"救星" ······································· 18

简易焊接支架 ····································· 19

用舵机摇臂安装电机……………………………………… 20

固定尼龙搭扣………………………………………………… 21

发动机安装支架……………………………………………… 22

油路支撑管…………………………………………………… 23

自制 502 胶水瓶细头………………………………………… 24

简易轻质夹子………………………………………………… 25

平衡螺旋桨…………………………………………………… 26

钢丝弯折架…………………………………………………… 27

石墨粉润滑…………………………………………………… 28

暂时阻断油路………………………………………………… 29

如何使薄板定型……………………………………………… 30

## 2

**收纳与安置**

### 零件收纳

收纳螺钉……………………………………………………… 32

收纳螺丝刀…………………………………………………… 33

电池保温盒…………………………………………………… 34

收纳舵机线…………………………………………………… 35

外场软质工具箱………………………………………… 36

真空密封保存发动机………………………………… 37

收纳长条形零件……………………………………… 38

磁铁收纳架…………………………………………… 39

光盘盒收纳…………………………………………… 40

工作台抽屉…………………………………………… 41

油管存放罐…………………………………………… 42

简易工具插槽………………………………………… 43

简易工具篮…………………………………………… 44

**模型安置**

PVC 管模型挂架……………………………………… 45

机轮简易固定器……………………………………… 46

金属架吊挂模型……………………………………… 47

用保温箱运输模型飞机……………………………… 48

用挂钩倒挂模型……………………………………… 49

台面固定架…………………………………………… 50

保温箱简易支架……………………………………… 52

调整发动机时临时固定模型飞机…………………… 53

细机身模型飞机的简易支架………………………… 54

# 3

## 标记增效

给胶水上色………………………………………… 56

插线板标示签………………………………………… 57

安定面安装位置标记胶带………………………… 58

"配对"标记…………………………………………… 59

螺旋桨分类袋………………………………………… 60

标记发动机安装位置……………………………… 61

彩色油管标记………………………………………… 62

标记油针位置………………………………………… 63

散热片拆装标记……………………………………… 64

轻松加工整流罩…………………………………… 65

彩色热缩管标记……………………………………… 66

电脑

充电器

电钻

电烙铁

灯

# 物品使用

**一物多用**

多用钢板尺 …………………………………………………… 68

清洁发动机散热片间隙 ……………………………………… 69

便宜方便的消声器延展件 …………………………………… 70

宠物指甲剪的妙用 …………………………………………… 71

用一次性筷子制作简易刷子 ………………………………… 72

安全切割尺 …………………………………………………… 73

**他物代用**

胶水瓶盖的替代品 …………………………………………… 74

透明胶带铰链 ………………………………………………… 75

"救急"舵盘螺钉 ……………………………………………… 76

绝缘胶带的替代品 …………………………………………… 77

应急窄胶带 …………………………………………………… 78

# 5

## 组件制作

### 自制组件

"安静"的机轮 …………………………………………………… 80

用按扣制作可旋转尾轮 …………………………………… 81

自制轻质机轮 ……………………………………………… 82

可调式起落架 ……………………………………………… 83

自制拉杆 …………………………………………………… 84

自制遥控器支架 …………………………………………… 85

自制小舵角 ………………………………………………… 86

自制小开关 ………………………………………………… 87

双头平尾连杆 ……………………………………………… 88

易拔接头 …………………………………………………… 89

锂电池简易并联插头 ……………………………………… 90

自制接头 …………………………………………………… 91

简易三通接头 ……………………………………………… 92

锂电池充电器复合连接线 ………………………………… 93

### 精准加工

准确切割螺钉 ……………………………………………… 94

安装偏小直径钻头的方法 ………………………………… 95

机翼销管定位 ……………………………………………… 96

# 6

## 改装与保护

**模型改装**

快拆舱盖 ………………………………………… 98

扩大舱内空间 …………………………………… 99

舵机安装新思路 ………………………………… 100

"钓鱼式"安装电机 ……………………………… 101

**模型保护**

保护模型飞机的腹部 …………………………… 102

翼梢保护钩 ……………………………………… 103

防磨损天线出口 ………………………………… 104

天线整理 ………………………………………… 105

天线套管 ………………………………………… 106

焊接的接头保护 ………………………………… 107

螺旋桨防护罩 …………………………………… 108

防止发动机漏油 ………………………………… 109

化油器防尘塞 …………………………………… 110

运输固定架 ……………………………………… 111

熨斗纱布套 ……………………………………… 112

遥控器显示屏幕保护膜 ………………………… 113

## 7

### 技巧与安全

**使用技巧**

如何从蒙皮上撕下胶带……………………………………… 116

不用螺丝刀就能拧紧的螺钉………………………………… 117

如何去除胶水的痕迹………………………………………… 118

平板部件蒙皮技巧…………………………………………… 119

蜡笔涂铰链…………………………………………………… 120

做出精确的外洗角（好扭）………………………………… 121

处理机翼蒙板的鼓包………………………………………… 122

靠触觉判断模型重心位置…………………………………… 123

尾翼直角校准………………………………………………… 124

布线整齐……………………………………………………… 125

拔出舵机线插头的简便方法………………………………… 126

快速制作复合连杆…………………………………………… 127

用遥控车"练飞行"…………………………………………… 128

"易拆"连杆头………………………………………………… 129

切断 BEC 电路……………………………………………… 130

螺旋桨垫片扩孔……………………………………………… 131

螺旋桨轴直径快速调整……………………………………… 132

切断管子的技巧……………………………………………… 133

线 路 整 理…………………………………………………… 134

螺丝刀磁头 ………………………………………… 135

加热软化防松螺纹胶 …………………………… 136

矫正扭转的机翼 ………………………………… 137

机翼腹板切割方法 ……………………………… 138

轻木屑填补缝隙 ………………………………… 139

增加起落架的强度 ……………………………… 140

加固起落架连接处 ……………………………… 141

操纵面的轻木前缘 ……………………………… 142

更稳固地安装螺旋桨 …………………………… 143

更牢固地焊接 …………………………………… 144

加固玻纤管（杆）……………………………… 145

胶水瓶防倒 ……………………………………… 146

螺丝钉防掉 ……………………………………… 147

快干胶瓶口防干 ………………………………… 148

硅胶密封剂防干 ………………………………… 149

胶水防干 ………………………………………… 150

**安全防护**

护手霜润滑剂 …………………………………… 151

延长油针 ………………………………………… 152

机载点火电源 …………………………………… 153

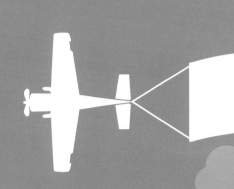

# 1 辅助工具

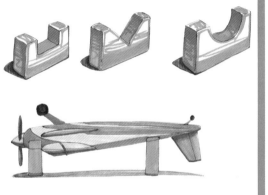

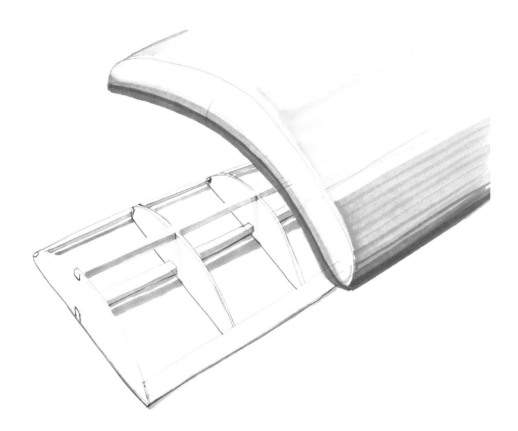

## 辅助定位软压包

　　组装模型飞机时，常常遇到用胶后需要用手按压的情形，费时又无聊，不如制作一个工具——软压包来替代。在大号保鲜袋中装满柔软的沙粒、钢珠、碎布条等，再把口封好，软压包就做好了。把软压包覆盖在需要用手按压的部位，它就能自动贴合工件形状，并依靠自重把工件固定在合适的位置。

## 简易模型飞机支架

维修时，如果要把模型飞机倒置过来放，或者安置没有起落架的模型飞机，都需要支架。可以购买大尺寸的清洁海绵，把它切割成所需形状后作为支架。

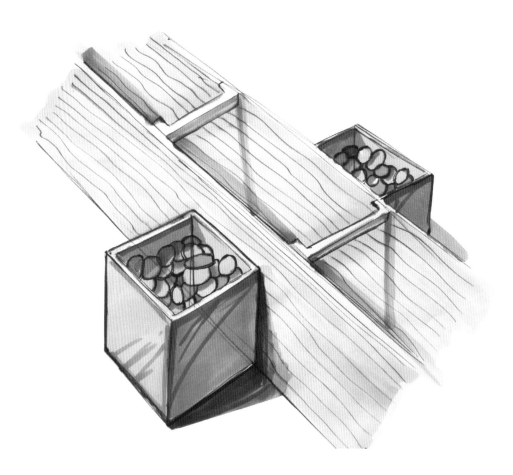

## 保持机身侧板垂直的简易模具

　　制作模型飞机机身时，需要使机身侧板保持垂直，利用日用品的方形包装盒就可以达到这一目的。将硬币、石子等零碎重物放入两个同样大小的空方形盒子，再用这两个方盒子夹住机身，即能保证机身左右侧板的垂直。

## 快速调节螺旋桨平衡

　　调节螺旋桨平衡的方法有很多，使用带背胶的贴片是不错的选择。先用锋利的美工刀将胶带分割成方形小块，然后撕下一块贴在螺旋桨较轻一侧的背面。如果一块较大，可用剪刀剪掉一部分；如果一块不够，可增加贴片块数，直至螺旋桨达到平衡。

## 注射涂胶器

　　使用树脂胶时，给较深的孔槽上胶或准确控制胶量都是比较麻烦的事情。其实可用注射器解决这一问题。将注射器的针头取下，把树脂胶吸入针筒内，然后将出胶口对准待施胶处，再压出适量胶液即可。不用时，将注射器的出胶口堵住，可防止胶液凝固，便于下次继续使用。

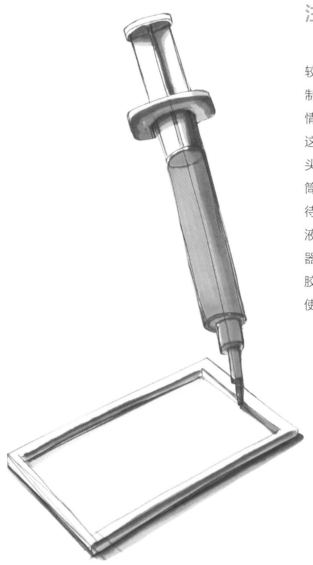

# 轻木软化剂

　　如果时间充裕，可以将轻木浸入混有少量氨水的清水中浸泡整夜。这样轻木能很好地软化，有利于定型。如果时间紧迫，且需要定型的轻木板比较薄，则可将一瓶工业酒精和一汤匙氨水混合，装入喷雾器，均匀喷洒至轻木表面，轻木就会迅速软化，且能比较快地干燥定型。该溶液还可用于擦拭污物胶痕。

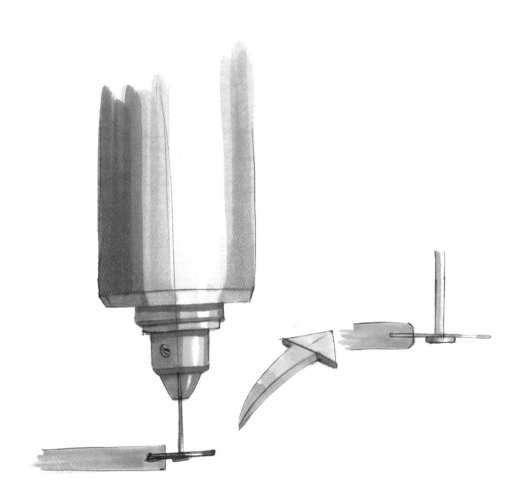

## 用钻床加工铰链槽

在钻床上安装圆锯，把舵面的上表面朝下放在钻床台面上。将圆锯高度降至舵面中间，按照提前标好的位置加工铰链槽。同样将安定面的上表面朝下放置，加工相对应的铰链槽。

## 使铰链保持原色

如果在安装铰链后，还需为模型上色，为避免铰链被颜料弄脏，可用上蜡牙线将铰链缠绕几圈，喷涂结束后再将牙线摘除。

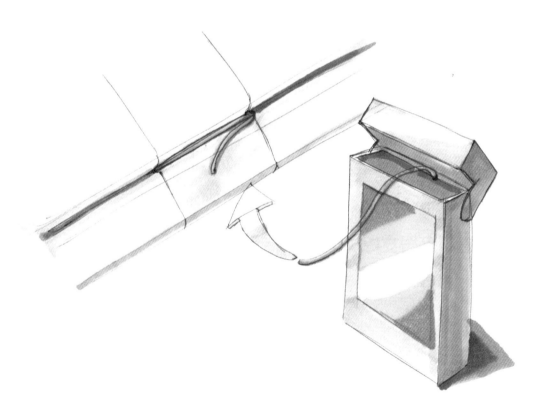

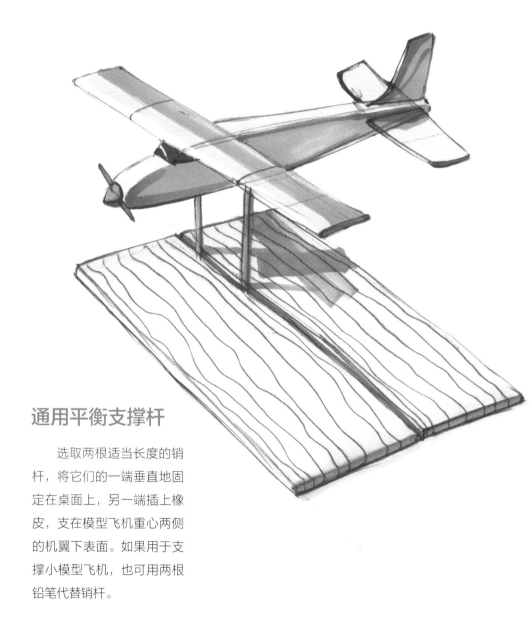

## 通用平衡支撑杆

选取两根适当长度的销杆，将它们的一端垂直地固定在桌面上，另一端插上橡皮，支在模型飞机重心两侧的机翼下表面。如果用于支撑小模型飞机，也可用两根铅笔代替销杆。

# 大面积砂纸板

打磨机翼底面和副翼表面等较大的平面时，要格外注意保持平直。手持砂纸板打磨比较困难，可以将整张砂纸粘贴在置于桌面上的平整大块木板上。这样手持部件在砂纸上打磨，效果会更好。

## 弯折的别针

　　制作模型飞机时，常常要用别针将木材固定在桌面上，但如果直接打穿木材，可能会使木材开裂，而且有些木材较硬，不用锤子难以打穿。在这种情况下，可以把别针弯折成和木材契合的形状，将其卡在桌面上。

## "乐高"万用夹具

　　进行模型制作时，往往有各种夹持、定位的需要，难以用一种夹具满足所有需求。其实，"乐高"积木就很好用，可根据需要拼成各种形状的夹具，来有效地辅助制作。

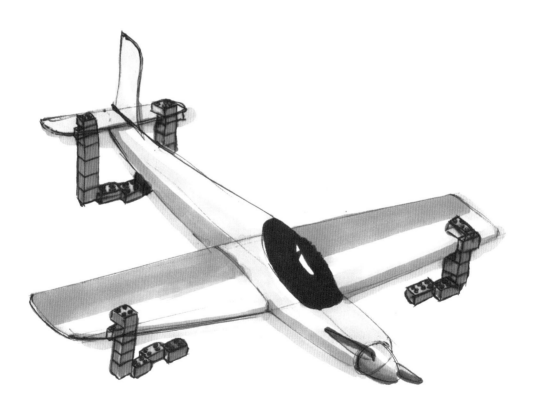

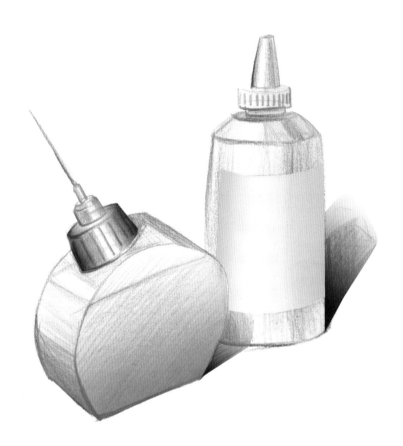

## 注墨器胶水瓶

在制作模型时常用到 PVA 胶，直接用大瓶施胶（右）很难伸入细小的缝隙，而且一不小心就挤多了。在这种情况下，可使用喷墨打印机的注墨器（左）装胶，这样既能准确地控制用量，又能方便地伸入狭小的空间。在不用时，可用注墨器胶帽将口封住。如果注墨器未彻底清洗干净，胶水会略带墨水的颜色，刚好可借此标示已施胶处。

## 用海绵固定

　　机身内部的海绵可以作为很好的固定工具。例如，当把舵机粘在机身一侧的侧板上时，可将大块的海绵塞在机身另一边的侧板和舵机之间，给舵机一定的压力使其贴牢所粘侧板，且这个压力又不至于大到将机身压坏。

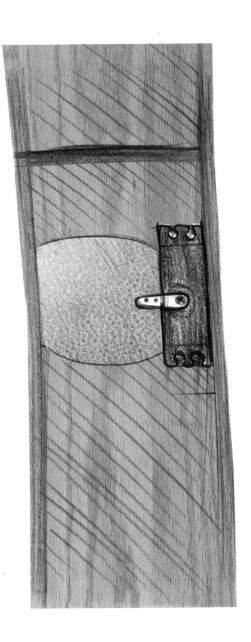

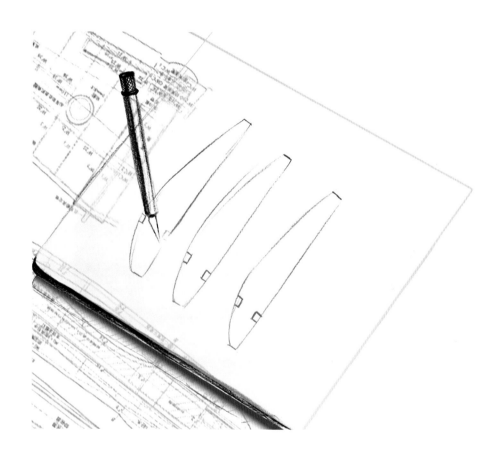

## 透明模板

从包装中拆出的透明塑料板别随手扔掉，它是制作模型模板的好材料。将图纸衬在下面，可以清晰地看到上面的内容，从而准确地在塑料板上画出需要的部件，然后将其用刀切下，或用剪刀剪下。这种塑料板有弹性，且足够硬，很适合作为模具使用。

## "盲用"遥控器旋钮

　　如果在模型飞机上使用了襟翼和扰流板，在飞行中可能需要查看操作旋钮，但是把视线从模型飞机移至遥控器不利于飞行安全，最好能依靠触觉完成调整和检查。在控制襟翼或扰流板的操纵旋钮上钻孔、攻丝，安装一颗小螺钉，就能靠触觉找到旋钮并完成调整和检查了。

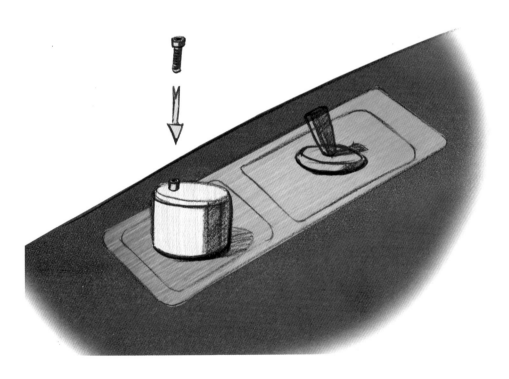

## 磁铁"救星"

在外场有时会不慎将螺钉等细小零件掉入草丛中，依靠眼睛很难将其找回。建议备一块磁铁，手执磁铁在掉落零件的地方搜寻，小零件就能自动被吸附到磁铁上。

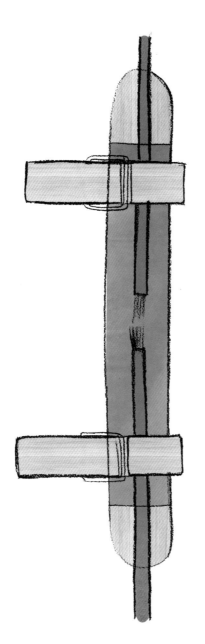

## 简易焊接支架

将两根线焊接在一起时，常感到手不够用，难以将线头稳定准确地接在一起。可以借助一个自制的支架：用铝箔包裹一条木片，将剥去塑料外皮料的线头放在铝箔上，用夹子固定，即可轻松焊接。

## 用舵机摇臂安装电机

　　为较小的模型飞机安装电机有一种比较简便的方法。将舵机摇臂的圆柱形凸起切除，把中心的孔扩大到合适直径。电机装在模型飞机机头后，将轴插入摇臂中心孔，再用螺钉穿过两边的小孔，电机就被固定在模型飞机上了。

# 固定尼龙搭扣

　　尼龙搭扣经常被用来固定模型飞机机身内的电池，但它有时会打卷，在机舱内乱成一团，干扰操作。解决的办法是另取一段尼龙搭扣，剪下一小块粘在机身侧壁上，即可固定尼龙搭扣的末端。

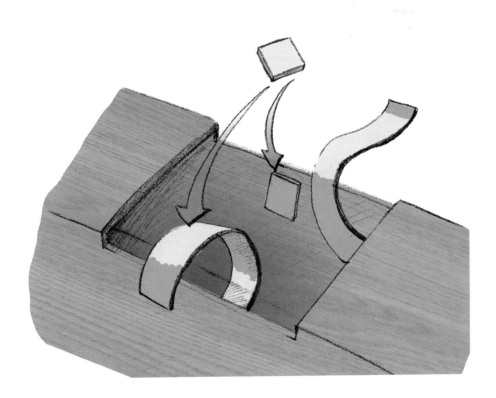

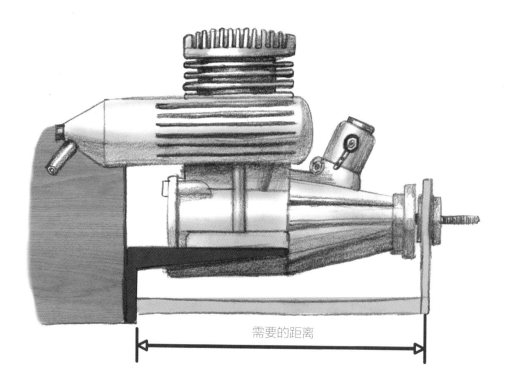

需要的距离

## 发动机安装支架

　　有一种方法可以方便地确定发动机的安装位置。在确定好发动机与防火板的距离后，用轻木制作一个发动机安装支架，一端像螺旋桨一样装在发动机轴上，另一端顶在防火板上。这时再进行安装，发动机位置就不会错了。

## 油路支撑管

在模型飞机机动飞行或重着陆时，发动机有时会莫名其妙地停止运转，检查却无法确定原因。这很可能是因为油箱内的重锤突然滑动，使油管弯折，堵塞了油路。选一根较粗、较硬的吸管，截取合适长度，套在油箱内的油管上。这样重锤既可在需要的范围内自由滑动，又不至于滑到不合适的位置使油路阻塞。

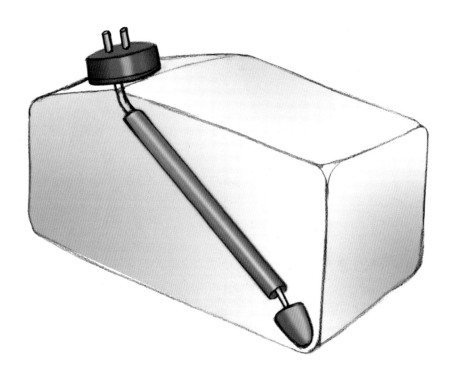

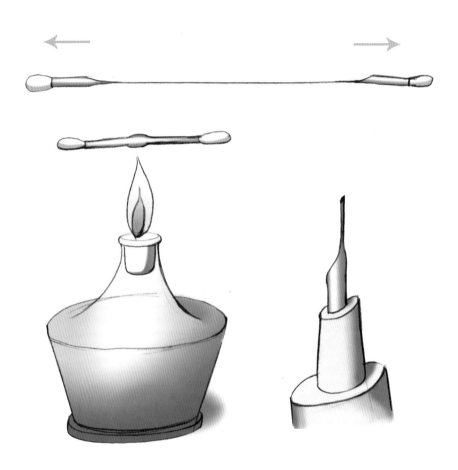

## 自制 502 胶水瓶细头

502 胶水瓶的头不够细，施胶时容易出胶过多，弄得到处都是。可以用塑料棉签棒在酒精灯或打火机的火焰上烘烤，待局部融化后立刻远离火焰并拉长，冷却后剪掉多余部分，插入 502 胶水瓶口，即可得到理想的细头。当细头被堵塞后，只需剪掉一小段就能继续使用。

## 简易轻质夹子

　　制作模型飞机时，常常需要轻质的夹子辅助固定。可将两根木条用橡皮筋捆在一起，用木条将需要固定的地方夹住。待胶干后，将一根木条抽出即可轻松拆下。

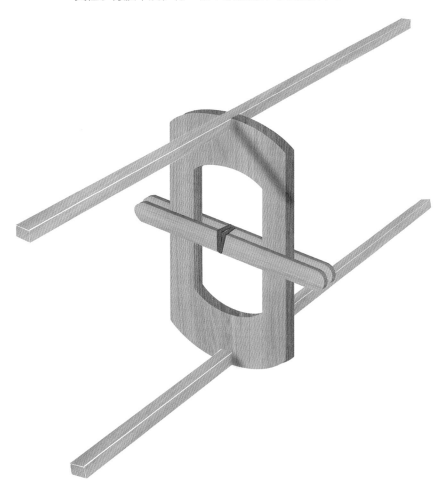

## 平衡螺旋桨

如果螺旋桨两端有轻微的重量不平衡现象，可将较轻的一端涂上防油的颜料。在小盒子中倒入适量颜料，将螺旋桨一直插到底，在表面张力的作用下，颜料将在螺旋桨表面形成光滑的薄膜，待晾干后即可使用。

## 钢丝弯折架

直径较粗的钢丝用钳子弯折出折角是比较困难的。可以借助一个固定的支架，将钢丝卡在两个凸起之间，用力弯折，借助杠杆原理将钢丝折出所需的折角。

## 石墨粉润滑

　　石墨粉是良好的润滑材料，可将其注入需要润滑的位置。例如模型飞机的机轮与轮轴的连接部位，经石墨粉润滑后能有效减小阻力。其他任何需要的部位均可使用。

## 暂时阻断油路

如果需要暂时阻断油路，那么办公用的金属小夹子是很好的工具。不妨在工具箱中备几个，需要时直接夹在油管上即可。

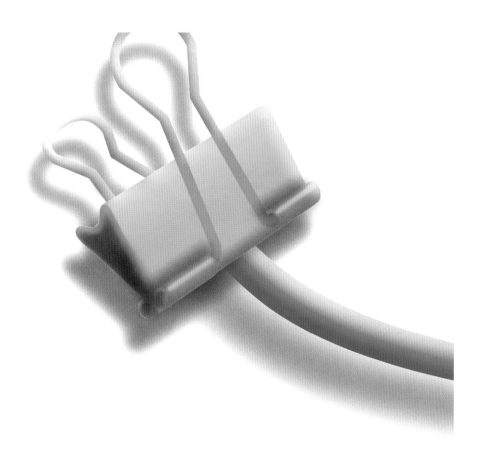

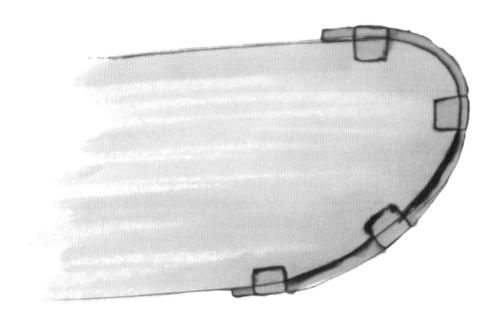

## 如何使薄板定型

　　如果需要将多层薄板固定成所需的形状，可以
先在每块薄板的表面均匀涂胶，再逐层贴紧模具，
并用胶带固定牢固，胶干取下即成。

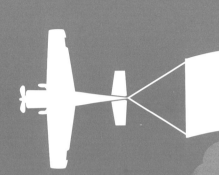

# ❷ 收纳与安置

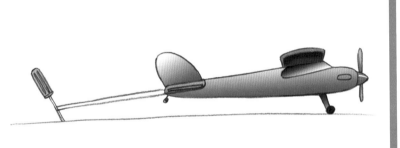

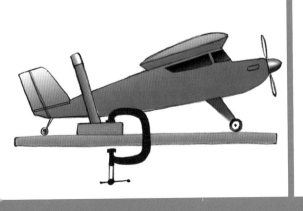

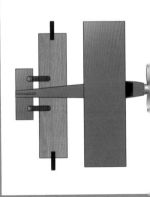

## 零件收纳

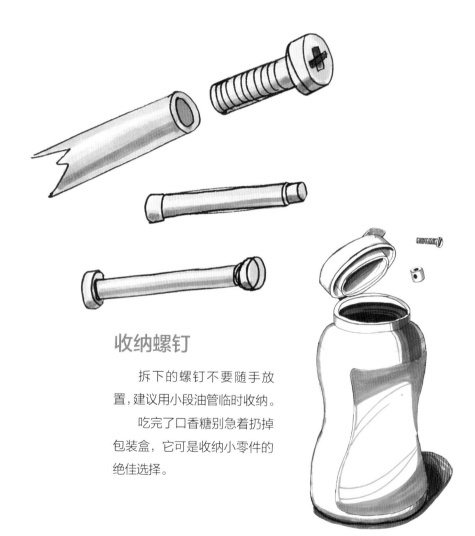

### 收纳螺钉

　　拆下的螺钉不要随手放置,建议用小段油管临时收纳。

　　吃完了口香糖别急着扔掉包装盒,它可是收纳小零件的绝佳选择。

# 收纳螺丝刀

喝完酸奶，别急着扔掉酸奶盒。把它洗干净，撕去盖膜，一层一层叠放在一起，每一层都可分类收纳小零件，顶层还可收纳螺丝刀等工具。

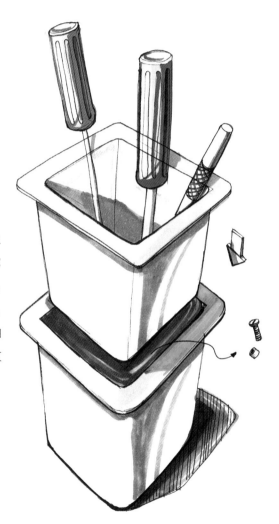

## 电池保温盒

　　冬天飞电动模型飞机时，低温会影响动力电池的表现，可以做一个简易的电池保温盒解决这个问题。将生大米装在保鲜袋里，用微波炉适度加热。然后用两袋米将电池夹在中间，一起放入保温餐盒，使用前再将电池拿出来。这样冬天也能爽飞电动模型飞机了。

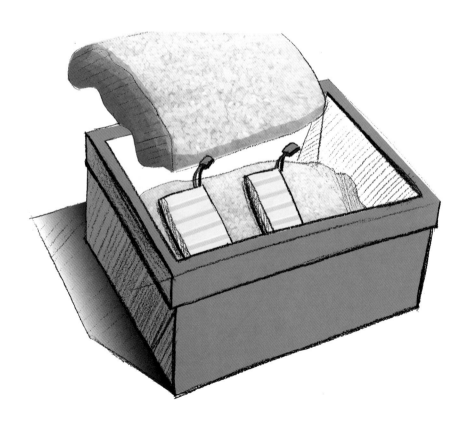

## 收纳舵机线

　　机身内的舵机线容易缠在一起，难以区分。可先用轻木挖出能容纳舵机线接头的孔，再将接头塞入并固定，然后将其固定在机身侧板上，机舱内就会一下变得利落了。

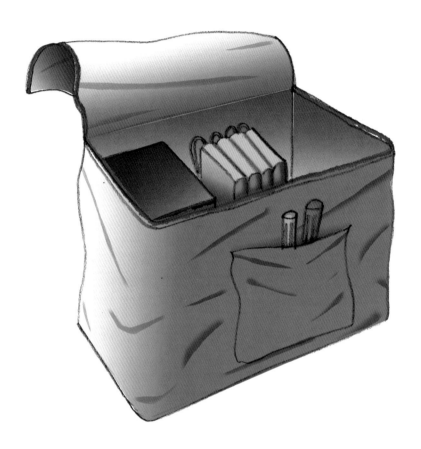

## 外场软质工具箱

    软质保温盒的空间较大，非常适合装外场工具。它可装入电池、螺丝刀、美工刀、胶带等各种工具和零件，平时可放在汽车后备厢中，专门用于外场飞行。

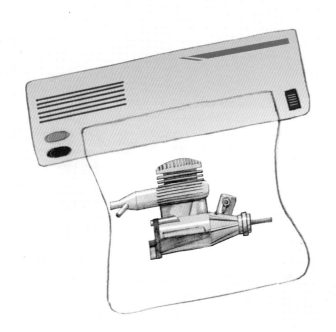

## 真空密封保存发动机

很多模友的发动机比模型飞机数量还多。将发动机从模型飞机上拆下后，需要妥善保存。可将其放在塑料袋中，用真空密封机将塑料袋中的空气抽干，再将塑料袋封口。这样发动机就可以隔绝空气和灰尘，避免生锈等问题。

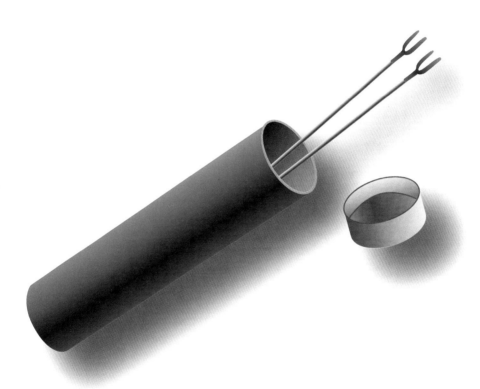

## 收纳长条形零件

　　把羽毛球用光后别丢弃它的包装纸筒，它是收纳连杆等长条形零部件的上佳选择，可以有效避免长条形零件的弯折和损坏。

# 磁铁收纳架

　　制作模型时工作台上非常凌乱，工具经常淹没在材料和碎屑中，需要时却找不到。可用磁铁做一个收纳架，将螺丝刀、尖嘴钳等工具吸附在侧面，需要时顺手就能取下，用完后随手放回原位，方便易用。

## 光盘盒收纳

　　DVD 光盘用完后，可以利用其包装盒来收纳零件。因为它的壳体是透明的，所以里面装的东西一目了然。只需将底座上的垂直杆切掉，然后反过来当盖即可。

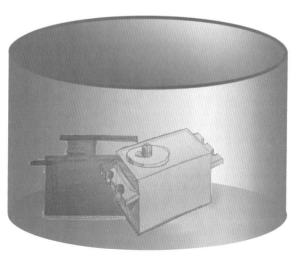

## 工作台抽屉

有的工作台只有一张台面，连个抽屉都没有，使用起来很不方便。可找几个带边沿沿的盒子，按照盒子的宽度度在桌子背面固定几根 T 形截面的木结构，将盒子滑入其中，便可作为抽屉使用了。

## 油管存放罐

油管最好能保持干净，把它胡乱扔在工具箱里不太妥当。可以找一个大小合适的空罐，在盖子上钻两个孔。孔的直径应该略大于油管直径。将油管螺旋置入罐子中，将其一头从盖上的孔中穿出，再穿入另外一个孔。这样就可以防止脱落和保持干净。使用时，直接向外抽出合适的长度再截断即可。

## 简易工具插槽

　　找一大块废弃的泡沫塑料，放在工作台上。将平时常用的螺丝刀等工具插在上面，使用时拔出即可，用完插回原位，非常便利。

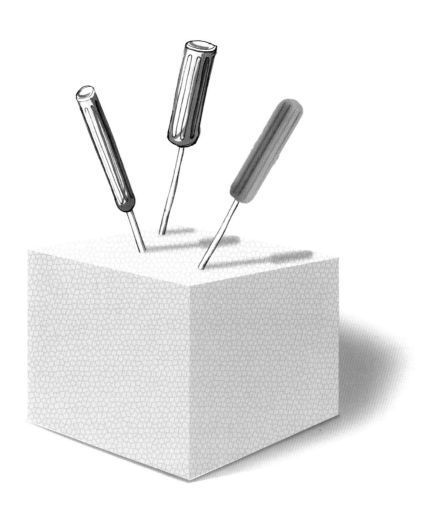

## 简易工具篮

　　把空油桶洗干净，切除部分表皮，就可做成一个简易工具篮。把点火器、扳手、螺丝刀等工具放在里面，相当方便。

## 模型安置

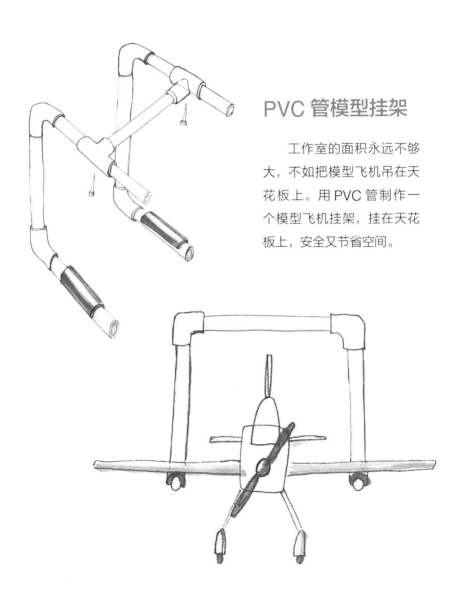

# PVC 管模型挂架

工作室的面积永远不够大，不如把模型飞机吊在天花板上。用 PVC 管制作一个模型飞机挂架，挂在天花板上，安全又节省空间。

# 机轮简易固定器

　　开车前往外场时，模型飞机在后备厢里滑来滑去，很容易造成损伤。对于比较小的模型飞机，有一个解决办法：将铁夹子的背面粘上尼龙搭扣，然后用它夹住机轮。这时再将模型飞机放在后备厢里，就可稳稳地粘在原地。

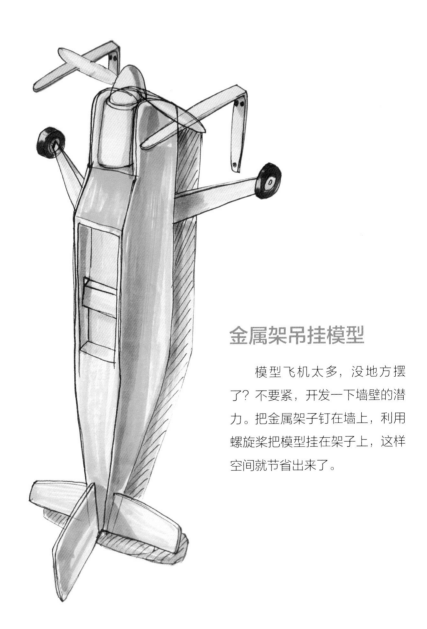

## 金属架吊挂模型

　　模型飞机太多，没地方摆了？不要紧，开发一下墙壁的潜力。把金属架子钉在墙上，利用螺旋桨把模型挂在架子上，这样空间就节省出来了。

## 用保温箱运输模型飞机

购买便宜的泡沫保温箱，并在两侧壁上挖出与机翼截面相适的凹槽。将模型飞机机头向下插入保温箱，即可方便地运输或保存模型。保温箱底部的空隙可用于放置遥控器、电池及其他附件。

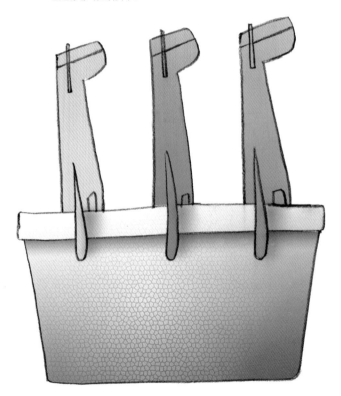

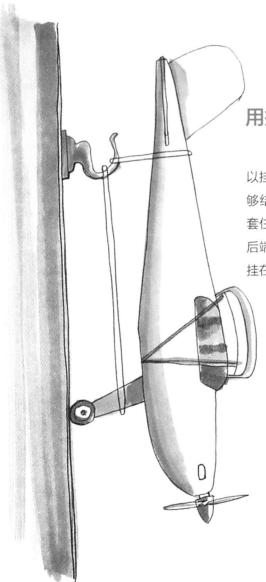

## 用挂钩倒挂模型

　　墙壁上现成的挂衣钩也可以挂模型飞机（注意粘钩要足够结实），用两根绳子，一根套住主起落架，一根套住机身后端，就能稳稳地把模型飞机挂在钩子上了。

## 台面固定架

安装调试新发动机时，需要蹲着或跪在地上很长时间，非常不舒服。如果有条件，可以自己做一个台面固定架，将模型飞机安置在桌面上，就可以站着或坐着进行操作了。

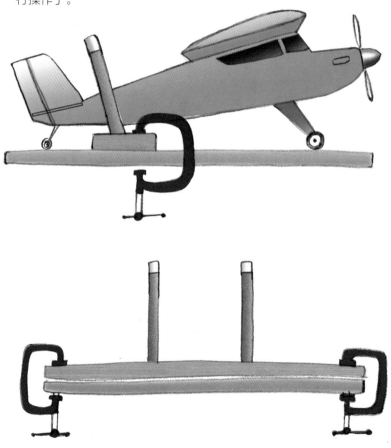

　　找一块厚木板，参考机身宽度（平尾前缘处）钻两个孔，孔洞的中轴线相对于垂线后倾 100° 插入两个合适的木棍，并用胶固定。然后用泡沫薄膜将木棒表面包裹起来，并在木棒顶端用塑料壳制作一个顶帽。将此木板和桌面牢牢地夹在一起，台面固定架便完成了。

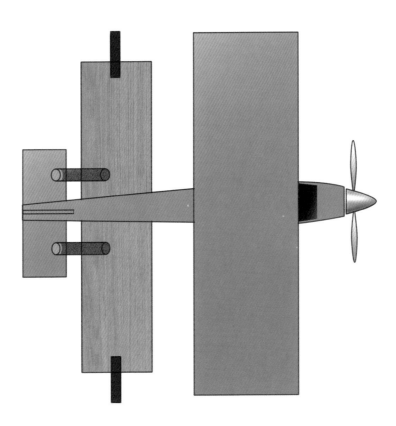

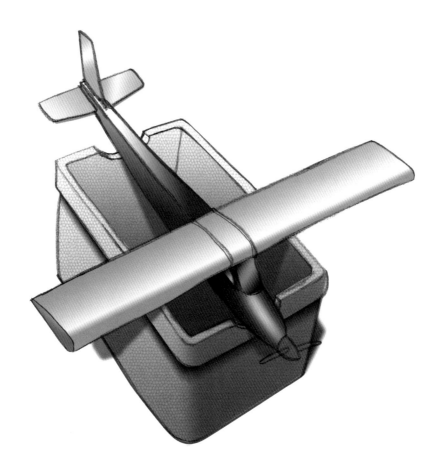

## 保温箱简易支架

在泡沫保温箱的侧壁上边挖出与模型飞机机身截面相吻合的凹槽，即可将模型飞机稳妥地安放在上面。还可将所需工具和零件全部堆放在其中，去外场时"一锅端"，非常方便。

## 调整发动机时临时固定模型飞机

调整发动机时可请助手帮忙扶住模型飞机。如果没有助手怎么办？还有一个办法，将结实的尼龙绳结成一个绳套，一端套在模型飞机尾部，一端挂在插入地面的固定物上。这个固定物可以是螺丝刀，也可以是帐篷固定钩。这样就能方便地调整发动机了。

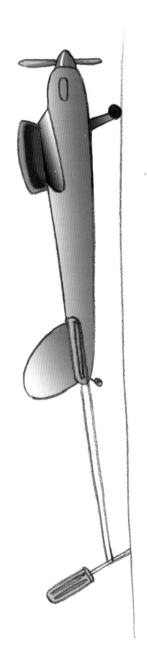

## 细机身模型飞机的简易支架

有一种简易支架，适用于安放机身很细的模型飞机。制作一个截面为倒 T 形的木结构，其长度和宽度分别参考模型飞机的机长和机身宽度。将两个夹子夹在木结构两端，并用泡沫将夹子的末端裹住，以保护机身。夹子形成的凹槽正好可用来安放模型飞机。

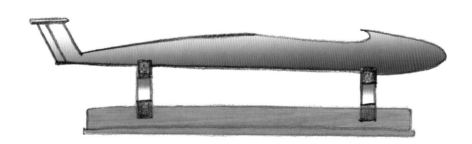

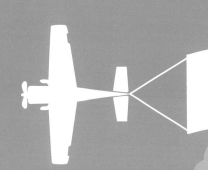

# ③ 标记增效

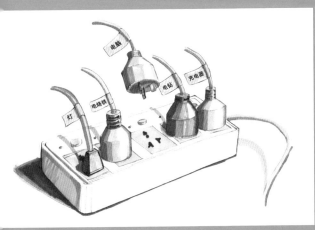

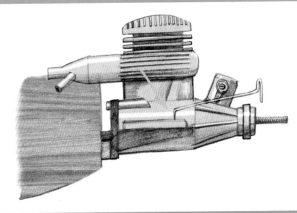

## 给胶水上色

　　使用不带颜色的胶水时，常常忘记哪里涂过了，哪里没有涂。可以向胶水中滴入食用色素并混合均匀，就能解决这个问题。

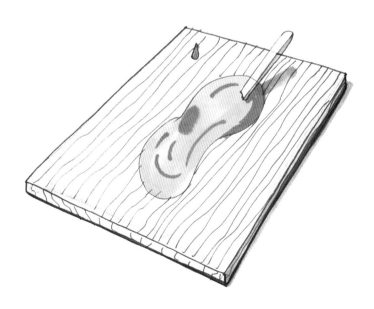

## 插线板标示签

有没有遇到过这样的情况，工作室里，插线板上插满了插头，电源线也乱作一团，本想拔掉电烙铁的插头，结果错拔了充电器的插头。建议在插头上粘上标签，标清楚这个插头属于哪个电器，就不会再搞混了。

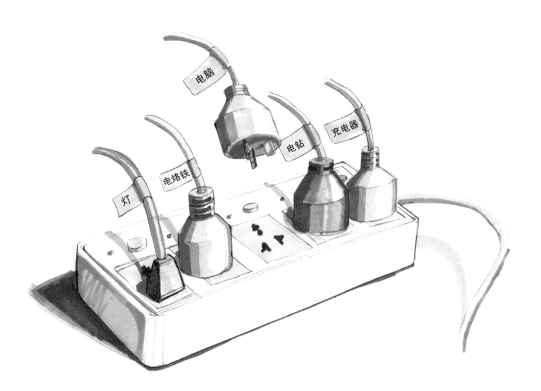

## 安定面安装位置标记胶带

　　用马克笔标记安定面的安装位置效果不太理想，因为马克笔的笔迹太粗，而且可能在粘接过程中溶于粘接剂，完成粘接后不易去除干净。用遮盖胶带效果更好，不仅切除蒙皮时的参考线清晰明确，而且施胶时能保护安定面不被弄脏，完成粘接后还易于去除，不留痕迹。

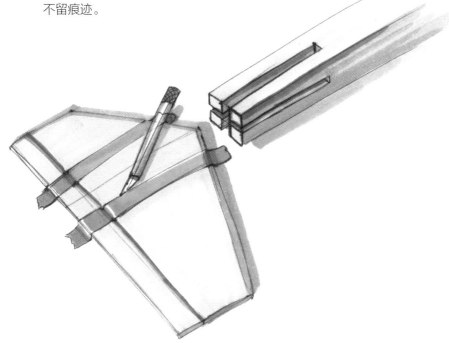

## "配对"标记

　　有时舵机线绕在一起，难以分辨哪根连接副翼舵机，哪根连接襟翼舵机。可用彩色胶带在对应的舵机线两边缠绕，即可方便地分辨。

## 螺旋桨分类袋

如果喜欢飞电动模型飞机,那么一定有一大堆螺旋桨堆在一起。想找出合适直径的螺旋桨时,往往还需翻找一番。可将其按照直径大小分类存放在笔袋里,分别贴上标签,用钥匙环串在一起。使用时直接取出,快捷方便。

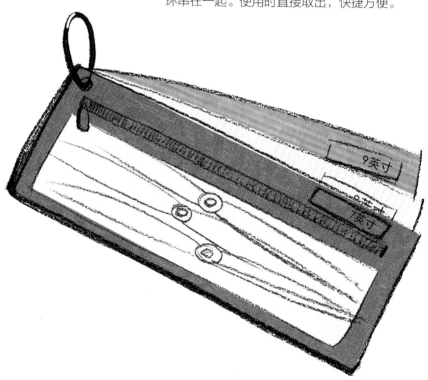

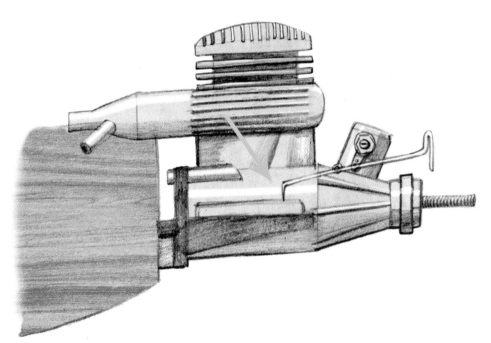

## 标记发动机安装位置

　　有一个简便的方法可以准确地标记出
发动机安装孔的位置。在发动机安装架上
涂一层修正液，待修正液干后，把发动机
假组在安装架上。将 T 形针的针头弯折，
以避免消声器的阻挡。用针头将安装孔处
的修正液刮除。移开发动机，按照标记位
置打孔即可。

## 彩色油管标记

　　将油箱的增压管、加油管和出油管分别用不同颜色的油管连接。再将每一种颜色的油管各截取 2 mm 的一小段，套在油箱上同颜色油管对应的金属管上作为标记。这样连接油路时就不需要再花时间分辨哪根是什么管，能快速连接，并有效避免接错。

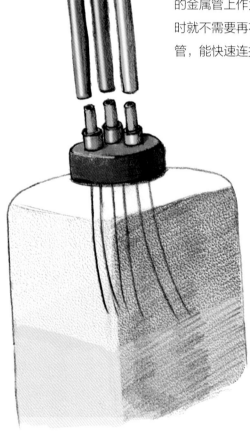

## 标记油针位置

　　将与整流罩颜色相同的塑料头图钉按在发动机油针的外端面，并在塑料头的端面刻一个小凹槽，就可用于标记合适的油针位置。

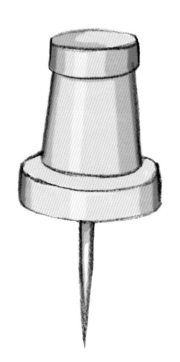

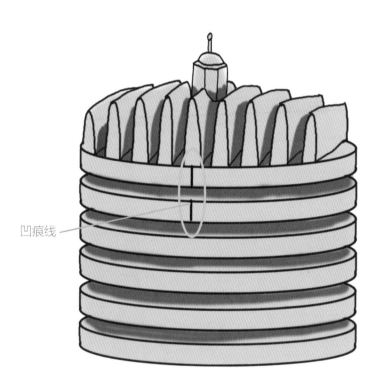

凹痕线

## 散热片拆装标记

　　拆装发动机时，须注意将散热片按照拆卸前的位置装回。汽缸和发动机壳是轻微不对称的，如果装回去时改变了原来的角度，可能会影响发动机性能。在散热片的正前方刻一道凹痕，组装时以此为标记将其装回原位。组装完成后，如果手拨螺旋桨感到的阻力与原来相同，就说明位置是正确的。

## 轻松加工整流罩

　　用普通方法加工整流罩通常会留下难看的毛边，而且制作时也比较费劲。建议购买键槽铣刀，将其安装在手持电钻上，沿着提前用马克笔画好的线条进行加工。这样，无论加工的是塑料整流罩还是金属整流罩，都像刀切豆腐一样轻松。而且，加工后的切面相当齐整，用细砂纸简单打磨就能达到很好的效果。

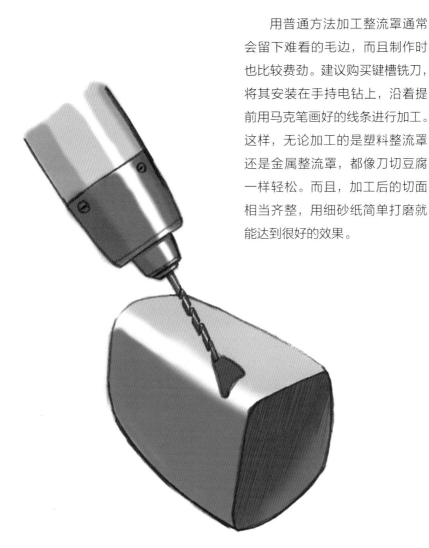

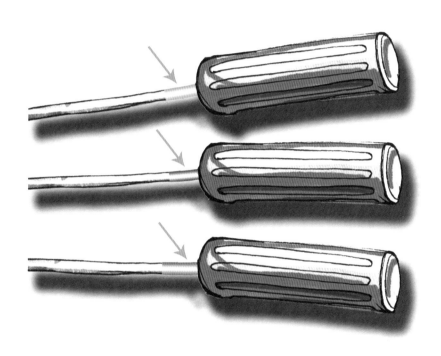

## 彩色热缩管标记

　　对于螺丝刀等工具，很多人都用，为避免拿错，可以做个标记。把热缩管套在螺丝刀根部，将其烫缩，并写上名字，这样就不会再混淆了。

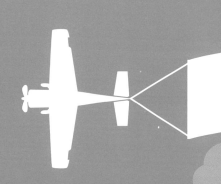

# ④ 物品使用

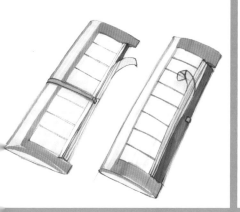

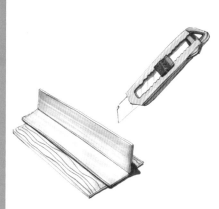

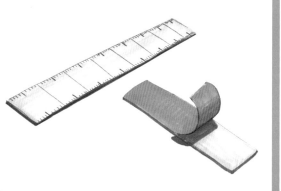

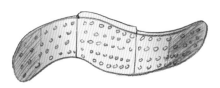

## 一物多用

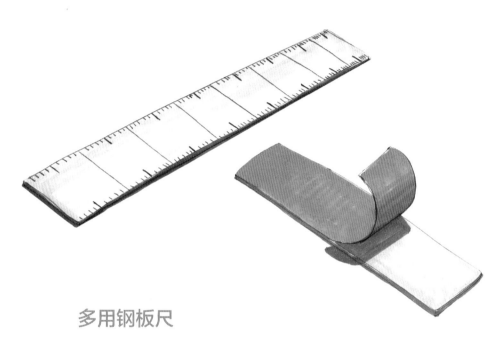

### 多用钢板尺

在钢板尺的背面粘贴砂纸，就能得到一个平整小巧的砂纸板。这样在测量和辅助切割时，背面的砂纸还能防滑。

## 清洁发动机散热片间隙

　　"炸机"后，发动机会非常脏，在散热片之间会积满泥沙，影响使用效果。手指无法伸入的散热片间隙，可用鞋刷、牙刷等生活中常用的刷子进行清洁，效果很好。

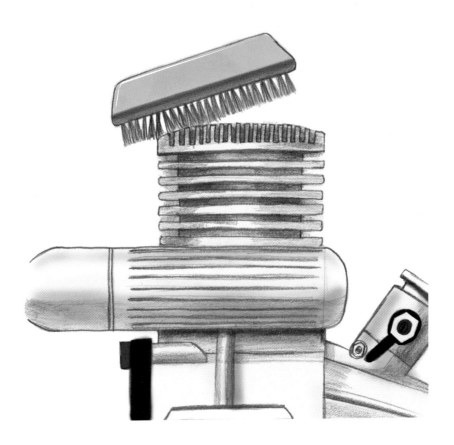

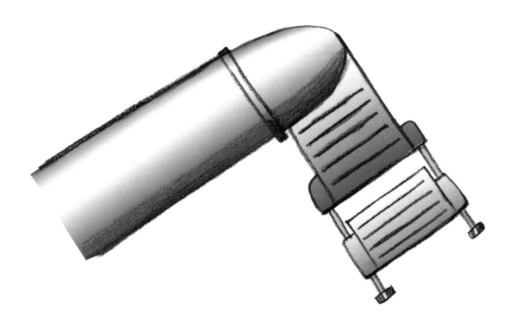

## 便宜方便的消声器延展件

　　如果有用旧的、多余的消声器，不要急着扔掉，可将其管部切除，然后用图示方法连接在新的消声器上，就能作为消声器的延展件使用。

## 宠物指甲剪的妙用

如果将模型飞机完全组装好后，才发现忘在机身内给油路加装滤油器，而普通剪刀在狭小的机身内完全施展不开，可用宠物指甲剪来完成操作。对于类似在狭小空间的操作，宠物指甲剪都能适用，而且剪口整齐利落。

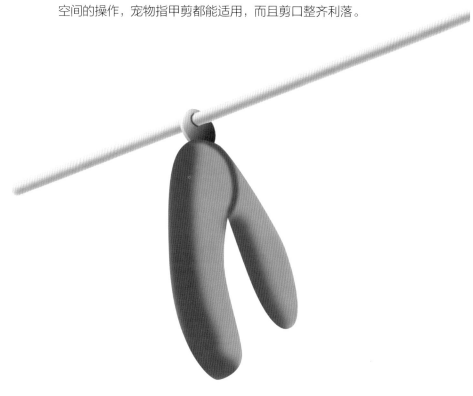

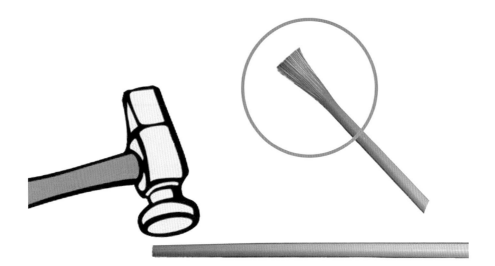

## 用一次性筷子制作简易刷子

把一次性筷子掰开，用锤子将其头部砸散，就成了一个方便的小刷子，可探入比较深的"犄角旮旯"进行清洁。

## 安全切割尺

　　用钢板尺辅助切割木材时，美工刀偶尔会滑出，划伤按压在钢板尺上的手，有没有好办法避免这种情况呢？当然有！用角钢代替钢板尺，就能把美工刀稳稳地挡住，避免伤手。

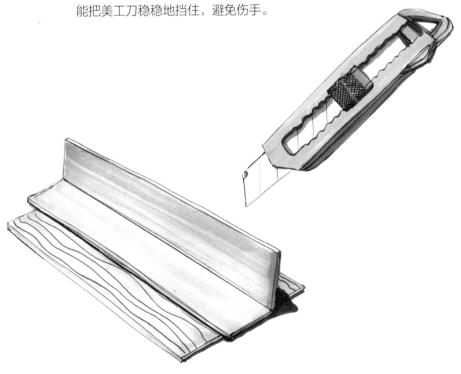

## 他物代用

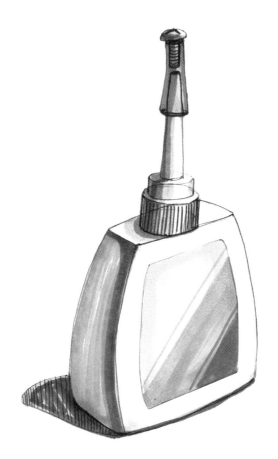

## 胶水瓶盖的替代品

如果胶水瓶盖丢了，那么整瓶的胶水都会干掉，太浪费！不如这样，用螺钉和油管自制一个瓶盖。

## 透明胶带铰链

　　将待安装的副翼向上翻转，倒置在机翼上，使副翼前缘和机翼后缘对齐，用透明胶带将副翼前缘和机翼后缘粘贴连接。然后将副翼向下翻转至最大行程处，用透明胶带将副翼上表面的前缘与机翼上表面的后缘粘接。在这个过程中可用美工胶带辅助定位。

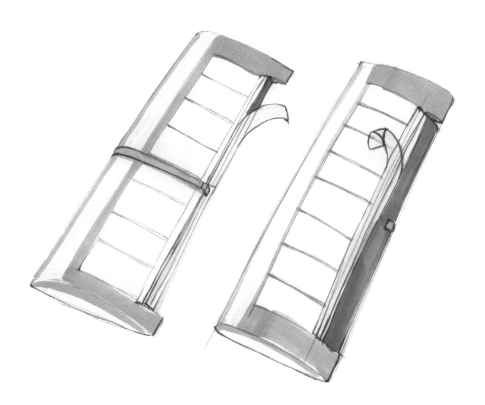

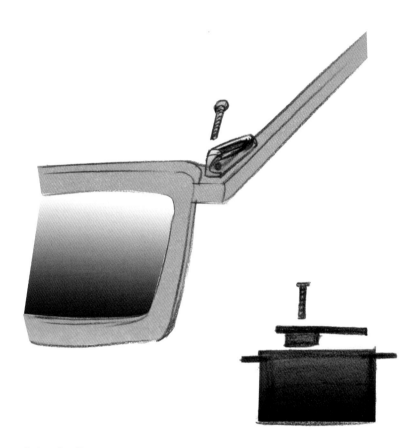

## "救急" 舵盘螺钉

在外场舵盘螺钉不小心遗失了,又没有带备用的螺钉怎么办?太阳镜上的螺钉恰好合适,拆下来就能装在舵机上。举一反三,在外场遇到难题时可从其他物品上寻找解决方案,往往会有惊喜发现。

## 绝缘胶带的替代品

在外场时，如果需要包裹线路连接处，却未带绝缘胶带，可将创可贴的中间部分剪去，用两边的部分代替绝缘胶带。这样可以粘得很牢固，而且既结实又轻巧。

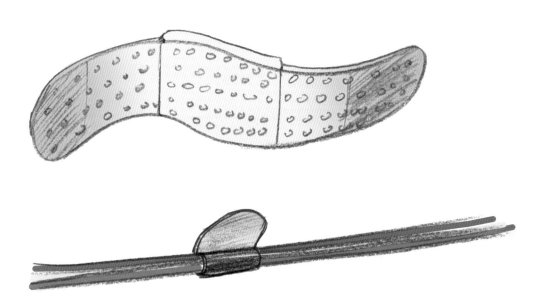

## 应急窄胶带

如果窄胶带用完了来不及买，可以从宽胶带上切出窄胶带代替。将锋利的裁纸刀水平持握，把胶带放在桌面上，逆着刀刃的方向转动，就能切出一圈整齐的切口。使用时，一圈圈撕下来就能得到所需的窄胶带。

# ⑤ 组件制作

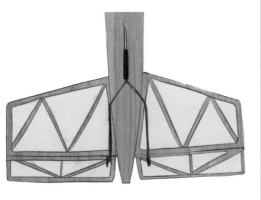

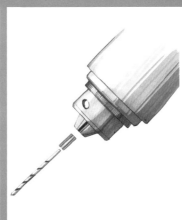

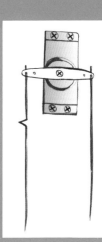

# 自制组件

## "安静"的机轮

　　根据机轮的宽度，从废旧的自行车内胎上剪下一段，套在机轮外面，用一点快干胶即可有效固定。这样，既可减小机轮滑跑时的噪声，又可保护机轮，延长使用寿命。当这段内胎磨损后，可撕下再换一段新的。

## 用按扣制作可旋转尾轮

　　制作小型电动模型飞机的可旋转尾轮时，衣服上常用的
按扣是很好的材料，既结实好用，又便宜。这种方法还可用
来固定座舱盖。如果是非常小的模型飞机，还能用来固定机翼。
选择大小合适的按扣，用环氧胶将它的一半粘在机身下表面，
再将另一半焊在尾轮杆上。使用时将按扣扣在一起即可。

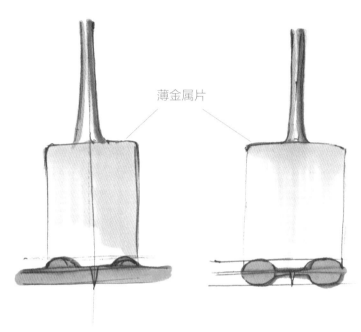

薄金属片

## 自制轻质机轮

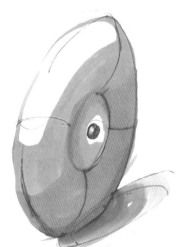

　　如果买不到物美价廉的轻质机轮，可以选择自制。用两片较厚的轻木夹住一片较薄的层板，牢固地粘在一起。将薄金属片加工成图示形状的刀片，用电钻夹持，先后从上下表面刮削木板，将其加工成型。截取一段塑料管，外表面涂胶，塞入机轮轴孔。最后涂上类似机轮橡胶的颜色即可。

# 可调式起落架

　　模型飞机上用的起落架大多用钢丝弯折而成，高度和角度都固定。如果将其做成可调式的则会更方便：把轮挡套入起落架钢丝，再将其螺钉换成较长的钢质螺钉，然后将轮子穿过这根螺钉。把角度和高度都调好后，将螺钉拧紧固定。

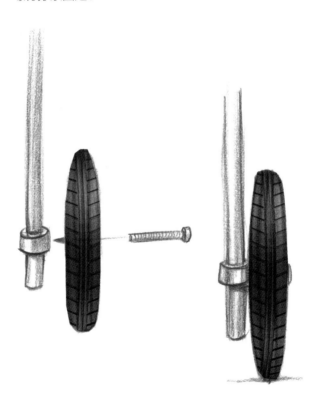

## 自制拉杆

　　对于双拉杆控制的模型飞机，有一种很好的替代品——琴弦，可代替碳管或线等拉杆材料。将琴弦截成合适的长度，在两端弯成Z字弯装入舵盘。如果松紧不合适，可把它折出一个折角进行调整。这种拉杆质轻、结实，而且容易调整。

## 自制遥控器支架

　　将钢丝弯折成图示形状，再用皮筋固定在遥控器把手上。调试模型飞机时可将其支起，不用时将其折叠。

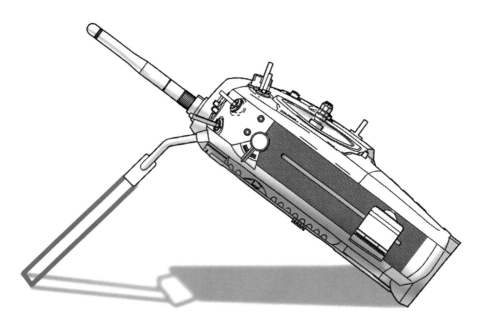

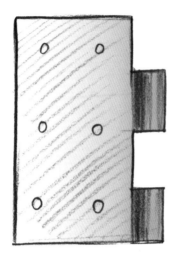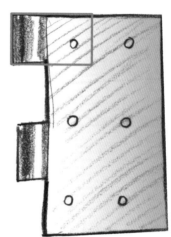

## 自制小舵角

　　对于很小的模型飞机，不一定要专门去买配套的舵角，可从尺寸相对较大的铰链上分割出一部分作为舵角使用。

## 自制小开关

常用于服装的金属按扣是制作航模小开关的好材料。将金属丝焊接在按扣上下两部分的边缘处。连接电路时只需将二者按在一起，断开电路时只需分开即可。

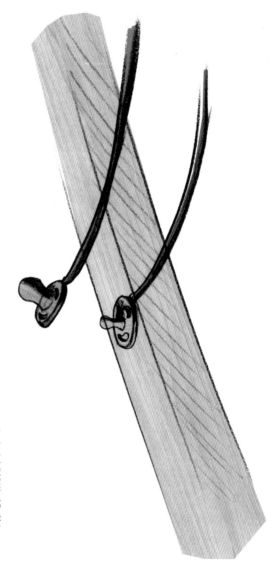

# 双头平尾连杆

　　如果模型飞机的平尾被机身隔为两半，又不想采用两个舵机，可以自制一个双头连杆。将金属丝弯折成图示形状，然后固定成"丫"形，末端再弯成"Z"字弯，装在舵角上，即可用一个舵机同步操纵两边的平尾。

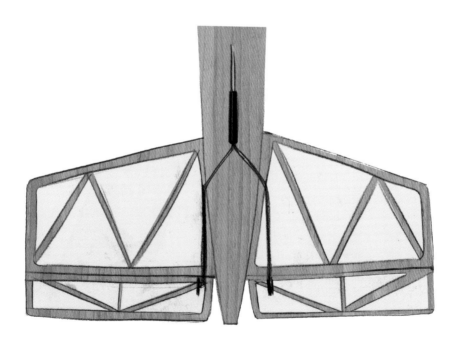

## 易拔接头

有的接头体积很小，而且连接很紧，手上有汗时往往会打滑，难以拔开。这时可用一根线往往接头上环绕一圈，并打一个死结，然后用少量快干胶将其固定。这样可有效增加手指与接头的摩擦，易于拔出接头。

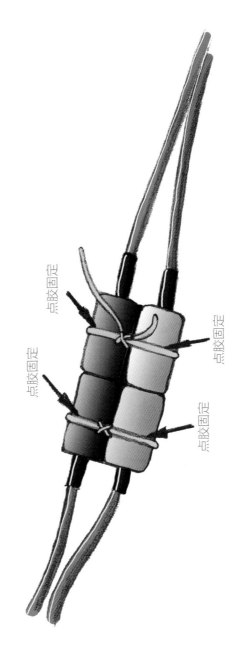

点胶固定

点胶固定

点胶固定

点胶固定

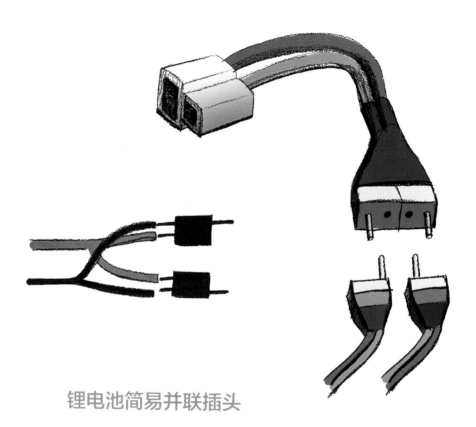

## 锂电池简易并联插头

  如果需要更大的电池容量和更大的电流，可以将锂电池并联起来，例如将两块 1 200 mAh 的电池并联，就相当于一块 2 400 mAh 的电池。用图示方法焊接线路，使用时将电池插上即可。

## 自制接头

　　有时需要在较大电流的电路中加入一个接头，如果手边没有合适的，可以自制。找一段直径合适的铜管，塞入一根金属钉以保持它的形状，然后用钳子将铜管的一头捏扁，再钻一个孔。将金属钉抽出，把裸露的线头焊接在铜管扁平的一端，最后用热缩套管包住，接头就做好了。

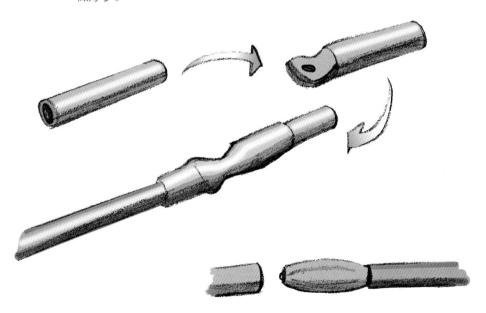

## 简易三通接头

可用黄铜管焊接一个简易三通接头，能方便地连接油路。按图示位置钻孔和扩孔，连接三段黄铜管，并焊接在一起，再将它们分别塞入油管，即完成油路连接。

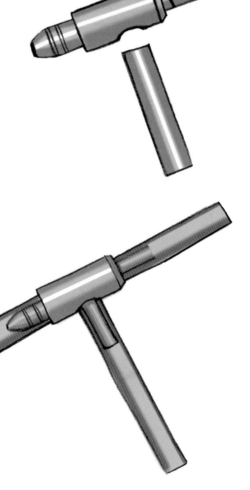

## 锂电池充电器复合连接线

锂电池充电器通常使用香蕉插头，为了匹配各种各样的电池，可自行制作连接线。连接线一端采用香蕉插头，一端采用与电池匹配的接头。注意一点：不要有两个以上的裸露接头，否则很容易短路。

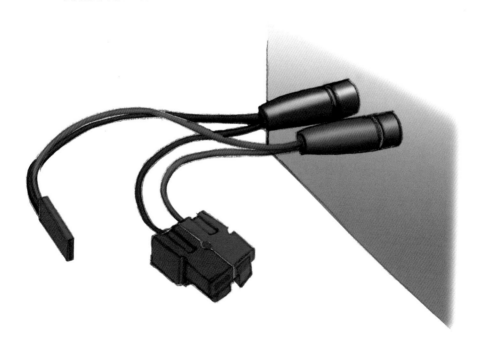

## 精准加工

### 准确切割螺钉

在标准厚度的板材上钻出与螺钉直径相符的孔，按照需要的厚度叠起来，将待截短的螺钉插入孔中。用板材的表面引导切割工具，精确又安全。

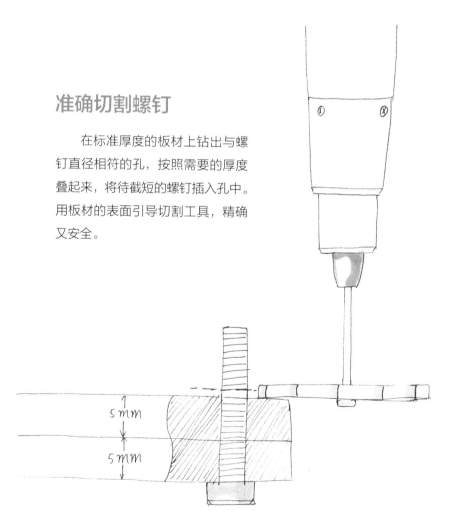

## 安装偏小直径钻头的方法

    对于直径太小，以至于无法安装在电钻上的钻头，可切一段长度及直径都合适的油管，套在钻头末端，再装入电钻并拧紧，就可以正常使用了。

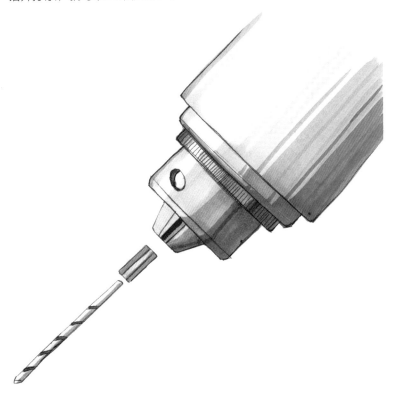

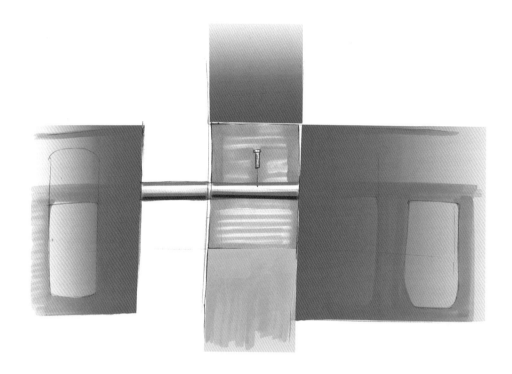

## 机翼销管定位

　　安装机翼时，销管往往会移动，因此，分布在两侧机翼的长度会不同。解决的办法是，先将销管居中，然后在其中点钻孔，用螺钉将机身与销管固定。注意，为了不影响强度，螺钉应平行于机身纵轴。

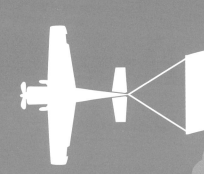

# ⑥ 改装与保护

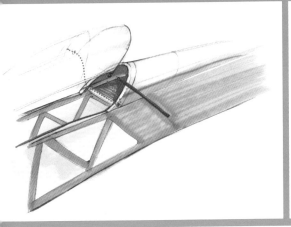

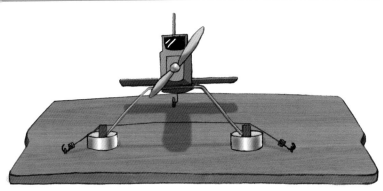

## 模型改装

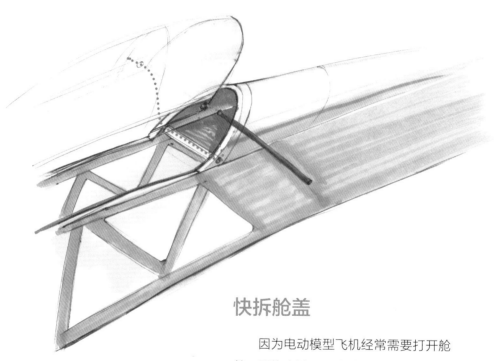

### 快拆舱盖

  因为电动模型飞机经常需要打开舱盖，更换电池，所以建议采用快拆舱盖设计。截取合适长度的塑料拉杆和套管。先将套管装在机身两侧板之间，其两端与侧板外侧平齐，以便于舱盖顺利安装；然后将舱盖放置到位，把拉杆插入舱盖安装孔和套管固定。

# 扩大舱内空间

　　如果需要给泡沫电动模型飞机换装更大的电池，而模型机身舱内的空间不够，可以加热油灰刀的刀刃。炽热的刀刃能轻松切除机舱内多余的泡沫塑料，从而按照需要扩大机舱空间。

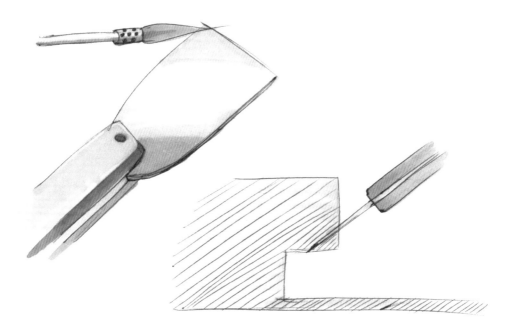

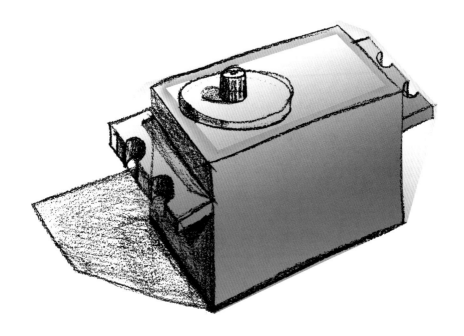

## 舵机安装新思路

    如果不方便用螺钉安装舵机，可选择胶装方式。普通的胶装不利于拆卸，难以再利用。从锂电池的包装方式得到启发，先用热缩套膜将舵机套起来，加热使其收缩裹紧舵机，然后用胶将其粘接在机身内。这样不仅足够牢固，而且还能方便地拆下舵机再用于其他模型飞机。

## "钓鱼式" 安装电机

将电机安装在狭小的机头内时，常出现操作不便的情况。可把一根直径合适的管子套在电机轴上。将其穿过机头的电机轴安装孔后，可把电机拉出来。再拉着这根管子将电机固定在安装位置，拧上螺钉，电机就装好了。

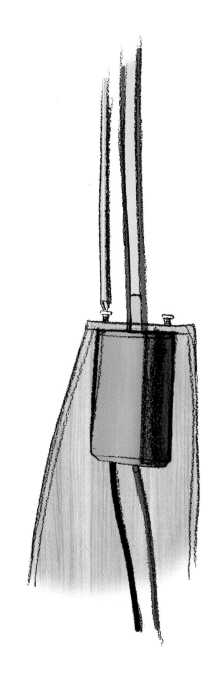

## 模型保护

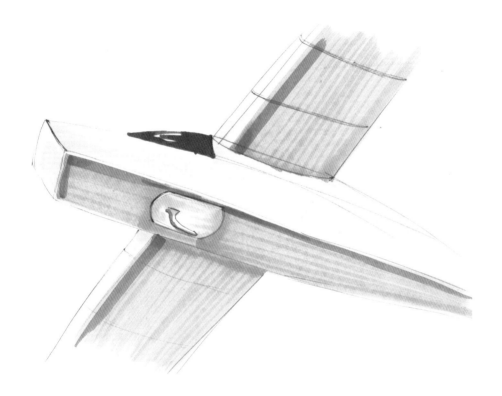

## 保护模型飞机的腹部

  对于没有起落架的模型飞机，最好在腹部采取保护措施，免得降落到沙石地面磨得"皮开肉绽"。可以采用粘钩，去掉腹部相应位置的蒙皮后，直接粘在木质表面。对于很轻的模型滑翔机，如果将粘钩用环氧胶粘接，则可用于牵引。

## 翼梢保护钩

　　初学者在操纵模型飞机降落时很容易蹭到翼梢，难免"皮开肉绽"。可用塑料或橡胶材质的轻质粘钩粘在翼梢下表面，使其得到有效保护。

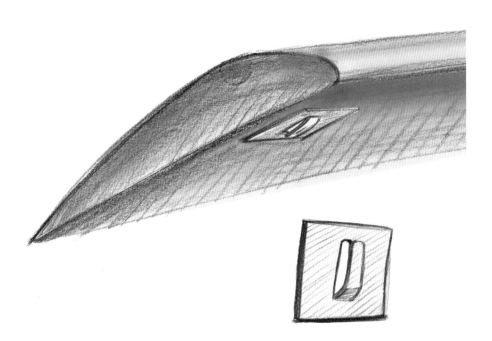

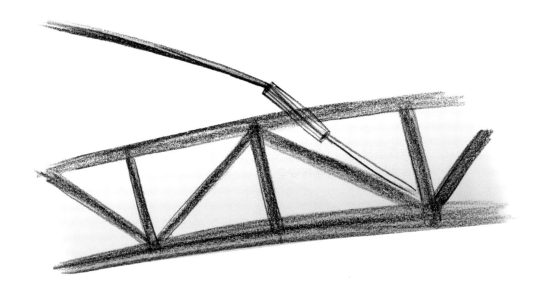

## 防磨损天线出口

　　在机身上钻一个孔，将一小段橡胶管插入其中，再将天线通过橡胶管穿出。孔的直径应略小丁橡胶管外径以便将其固定。这种方法既可方便安装天线，又可避免反复安装过程中的磨损。

## 天线整理

对于采用泡沫材料制作的模型飞机机身，可在其后部打一系列孔，间隔约 6 mm，距离底边约 6 mm。然后将天线用穿鞋带的方法穿入这些孔中，尾端留 15 cm 左右便于接收信号。在飞行前还必须进行有效控制距离测试，以保证飞行安全。

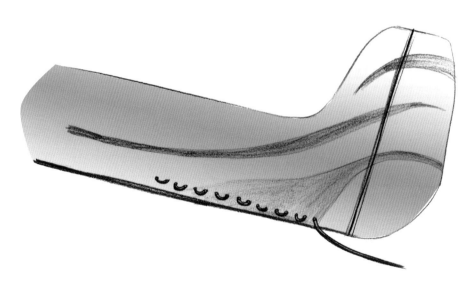

## 天线套管

用热缩管穿过机身，再将接收机天线从热缩管穿出（不需加热使热缩管收缩）。这样既可方便天线的拆装，又可避免天线弯折过大的角度。

## 焊接的接头保护

　　在焊接线路接头时，有时焊锡会流到接头外端，甚至流入接头缝隙里，非常麻烦。为了避免这种情况，可将一小段硅胶管套在接头外，焊接完毕再取下，可有效保护接头不被弄脏。

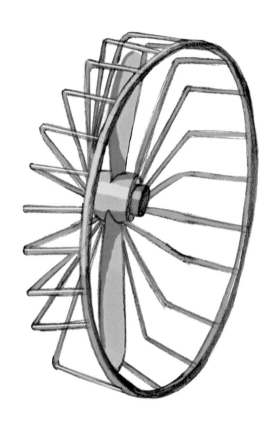

## 螺旋桨防护罩

在试车台上调试发动机时，需要频繁地对发动机进行调整，一不小心就可能被螺旋桨伤到手指，甚至打断指骨。可将电扇的防护罩拆下，安装在试车台上，把螺旋桨遮挡起来。这样就比较安全了。

# 防止发动机漏油

发动机和消声器连接的部位可能会缓慢地漏一些油出来。此时可用耐高温的密封胶在二者的接触表面涂一圈，再将消声器装在发动机上。待螺钉拧紧后，密封胶虽然可能会有少许溢出，但这样恰好能形成有效的密封层，避免漏油。

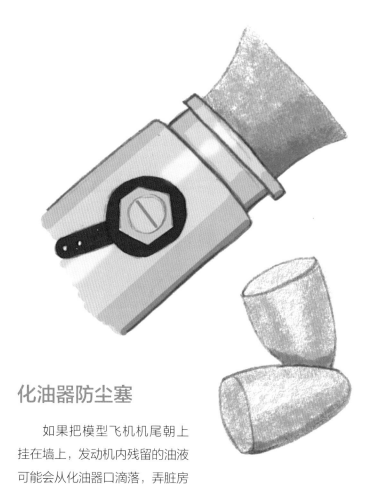

## 化油器防尘塞

　　如果把模型飞机机尾朝上挂在墙上，发动机内残留的油液可能会从化油器口滴落，弄脏房间。可用耳塞当作防尘塞，将其尾端塞入化油器口。这样不但能防止残油流出，还可防止灰尘、杂物进入发动机。

## 运输固定架

驱车往返于飞行场时，难免遭遇急刹车等意外情况，如果模型飞机堆放往后备厢，很容易受到损伤。可制作一个支架，并在盒外侧打入固定环。运输时，将模型飞机的机轮卡入罐头盒内，并用橡筋把机轮固定，然后再将橡筋两头钩在两侧的固定环上。这样，无论是急刹车还是踩油门，模型飞机都不会乱动了。

钉固定往往三合板上，并在盒外侧打入固定环。运输时，将模型飞机的机轮卡入罐头盒内，参考后备厢尺寸切割一块三合板。将罐头盒用螺钉固定往三合板。如果模型飞机堆放往后备厢，

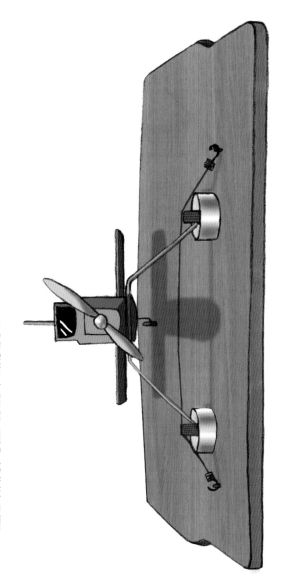

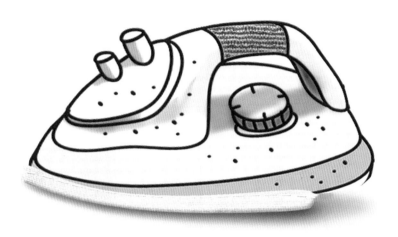

## 熨斗纱布套

熨斗的表面坚硬，熨烫蒙皮时可能会损伤热缩膜。可以将几层纱布叠在一起，裁剪缝制成一个合适的保护套。这样熨斗不仅表面柔软，而且温度均匀，能有效保护热缩膜不受损伤。

## 遥控器显示屏幕保护膜

　　电子设备的屏幕保护膜很容易买到，例如平板电脑的保护膜、手机的保护膜。买一张大于遥控器显示屏幕尺寸的保护膜，裁剪为合适大小，贴在屏幕上，就能有效避免划伤。

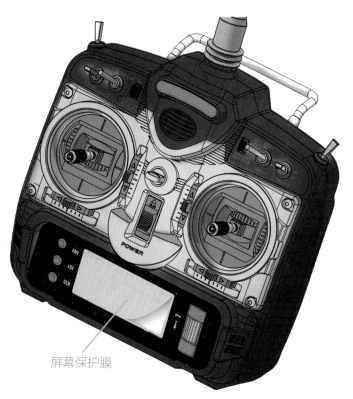

屏幕保护膜

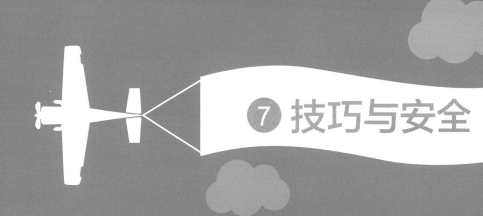

# ⑦ 技巧与安全

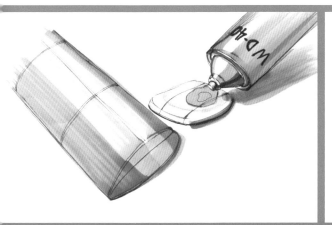

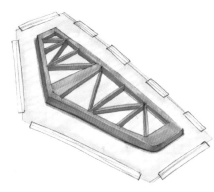

## 使用技巧

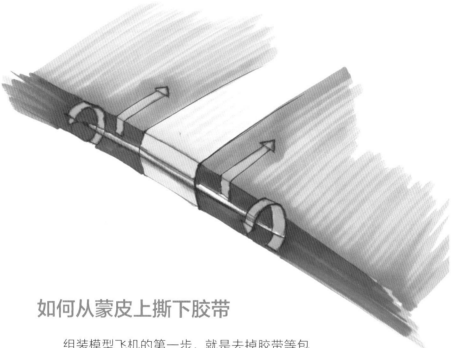

### 如何从蒙皮上撕下胶带

　　组装模型飞机的第一步，就是去掉胶带等包装物。有时胶带粘得很紧，撕下时，可能会损伤蒙皮。为了避免这种情况，可以借助牙签。将牙签顺着铰链槽插入蒙皮和胶带之间，然后转动牙签，即可将胶带从蒙皮上揭开。使用这种方法可使蒙皮的受损程度大大降低。

## 不用螺丝刀就能拧紧螺钉

有的模型飞机连接机翼和机身的螺钉需要从机身内侧拧紧，可是当模型飞机机身内塞满东西后，螺丝刀根本放不进去。有一个好办法，就是将螺钉的凹槽拓宽，再截取适合长度的连杆，粘在螺钉的凹槽中，这样就可以用手拧紧这颗螺钉了。

## 如何去除胶水的痕迹

　　有时用胶水后会在蒙皮表面留下痕迹，很难擦去，影响美观。这时可以用 WD-40 除锈剂喷在软布上，再轻轻擦拭，较浅的胶痕即可除去。

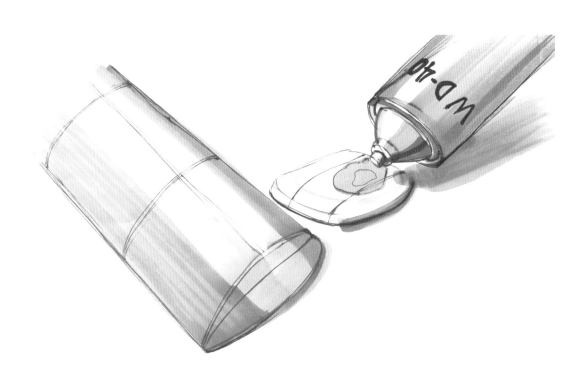

## 平板部件蒙皮技巧

　　将需蒙皮的部件放在平整的台面上，裁一张大于部件的热缩膜，平覆在它上面，再用胶带将热缩膜边缘粘在台面上。用熨斗将热缩膜固定在部件上并收紧，然后将多余部分裁掉，留下宽度合适的余量，折回部件的边缘，并用熨斗烫实。这样做的好处是，蒙皮后的部件非常平整，不会因为热缩膜收缩而变形。

## 蜡笔涂铰链

　　先用与蒙皮颜色相近的蜡笔在铰链弯折处涂抹一条粗线，再将铰链插入铰链槽并用快干胶粘接。这样可保证舵面转动顺畅，且安定面和舵面间的缝隙较小。

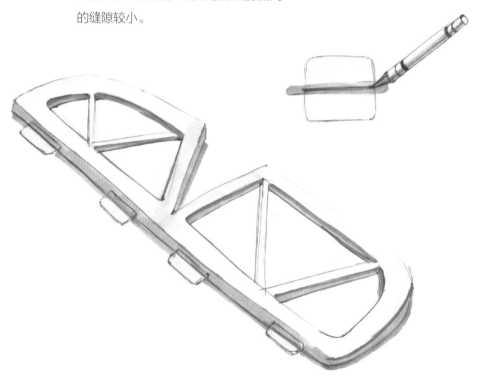

## 做出精确的外洗角（好扭）

　　机翼外洗角能改善模型飞机的失速特性。为了做出准确的外洗角，可用副翼作为模具。将副翼尾端朝前垫在机翼后缘下面，翼梢处伸入较多，翼根处伸入较少，使机翼迎角均匀变化，然后用胶将机翼定型。标记副翼在翼梢处和翼根处伸入的距离，在制作另一半机翼时以此对称摆放副翼，从而得到完全对称的外洗角。

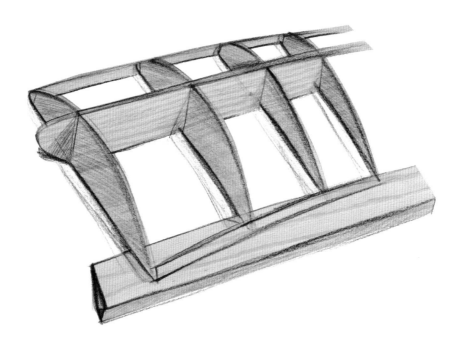

## 处理机翼蒙板的鼓包

　　泡沫模型飞机的轻木蒙板有时会鼓起来，用注射器将胶水注入的效果并不好。比较有效的方法是，用锥形钻头在鼓起处钻一个洞，然后在轻木和泡沫之间填入适量胶，压紧粘实，再用轻质颗粒将锥形洞填实，最后打磨光滑。

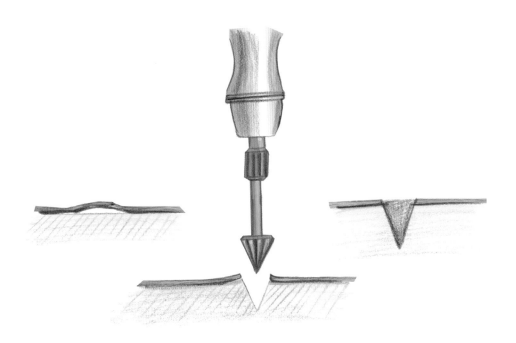

## 靠触觉判断模型重心位置

如果用笔在模型飞机机翼底面标记重心位置，那么往在飞行场上检查时还需将模型举过头顶才能看到。可用快干胶标记重心位置，这样在外场检查时用手指就能感觉到重心位置，使检查变得更轻松。

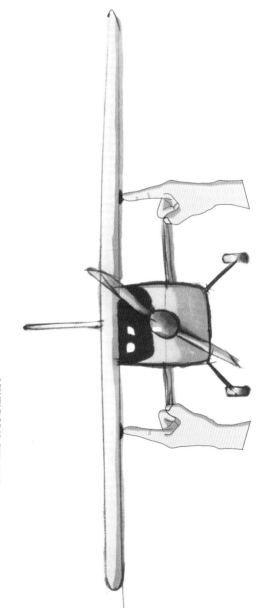

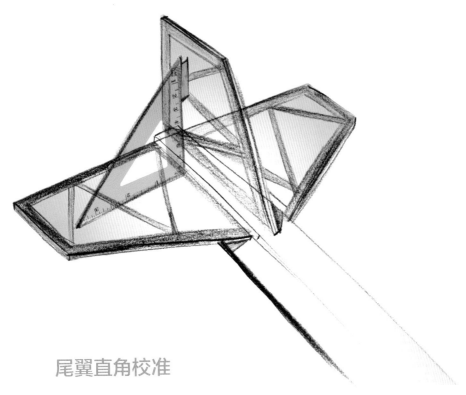

## 尾翼直角校准

为保证垂尾和平尾之间相互垂直，可使用三角板进行校准。但机身尾端棱角会阻挡三角板，使之无法紧贴平尾和垂尾表面。另外，平尾和垂尾在粘接过程中也容易让三角板蹭上难以清除的胶水。鉴于以上原因，可以在三角板的一直角边上粘接一段木片，这样就能准确地校准垂尾和平尾间的直角了。

## 布线整齐

如果模型飞机的机身为轻木或泡沫塑料材质，可采用以下方法：将机身内散乱的线集成束，用金属丝将其扎起来，绕几圈；用钳子剪掉多余的金属丝，将其插入机身侧壁，最后点快干胶加以固定。

## 拔出舵机线插头的简便方法

如果手指较粗，而舵机很小，那么要拔出插在里面的舵机线插头难免要花一番功夫。这时可将线的一端系在插头上，而在另一端系成一个圆环，当需要拔出插头时，将手指伸入圆环，轻轻一拔就能将插头取出。

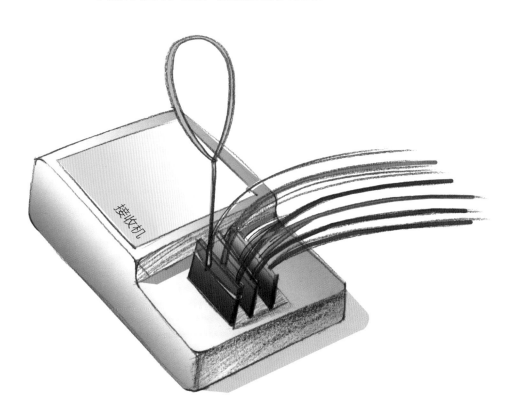

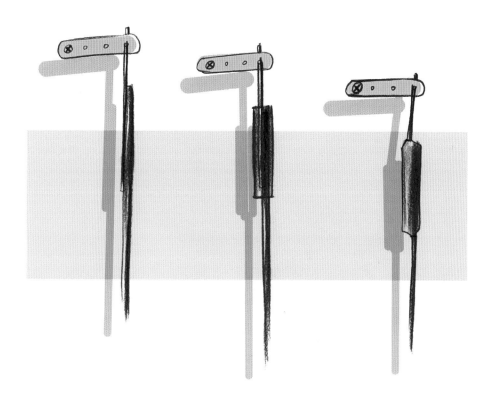

## 快速制作复合连杆

　　用热缩管把碳纤维杆和金属丝套在一起，用打火机使其收缩，再点入快干胶，就可将两者彻底固定。

## 用遥控车"练飞行"

　　在上手模型飞机之前，可以先买个遥控小车练练手。虽然飞行模拟器的练习效果不错，但电脑屏幕的平面显示效果对空间距离感的培养并不利。而操纵遥控车在桌子底下钻来钻去，可培养对空间距离的判断能力。多操纵遥控车正对自己开过来，还能练习左右不反舵的能力。

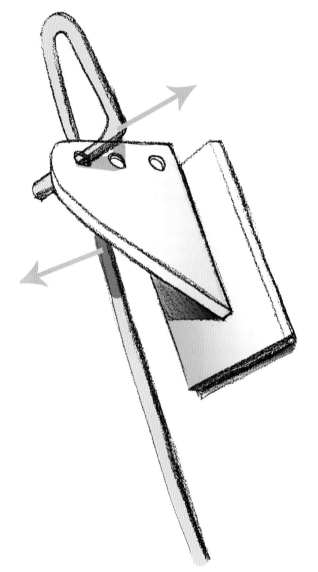

## "易拆" 连杆头

在拆装传统的 Z 字弯连杆时，需要将舵机一端拆下，操作比较麻烦。可将连杆头弯折成图示形状，即可在不拆下舵机另一端的情况下轻松拆装。

## 切断 BEC 电路

有时需要切断 BEC 电路，如果直接将红线切断或拔出，此后万一再想使用 BEC 功能时，恢复起来很麻烦。可以买一段延长线，并将它的红线切断。用这段延长线连接线路，就能断掉 BEC 电路。一旦需要，可将延长线取下，BEC 功能即可恢复。

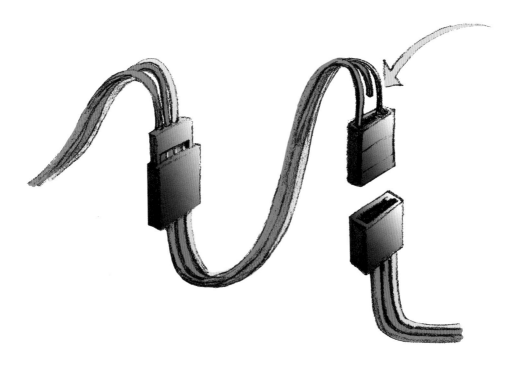

## 螺旋桨垫片扩孔

螺旋桨垫片通常需要调整孔的直径，才能适合螺旋桨轴。先不着急将垫片从架子上切下来，因为带着架子操作更便于持握。待扩孔完成，套在螺旋桨轴上测试确实合适后，再切下来。

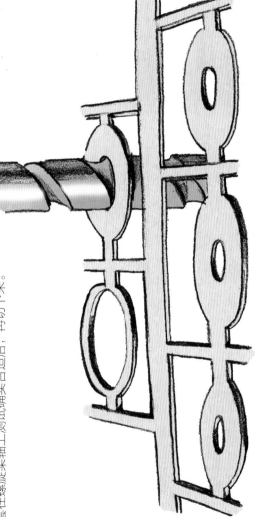

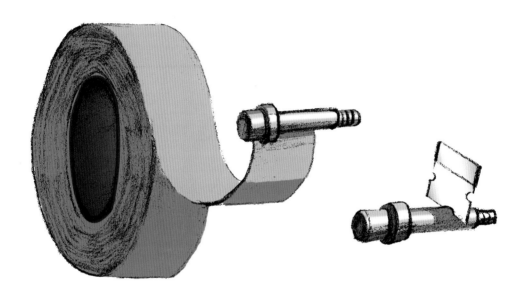

## 螺旋桨轴直径快速调整

如果螺旋桨的孔扩得过大，其桨轴就变得太细。有一个办法：将绝缘胶带紧紧地缠绕在螺旋桨轴上，直至轴径合适为止；然后用锋利的刀片将多余的长度环切下来，就能把螺旋桨牢牢地装在模型飞机上。

## 切断管子的技巧

　　将管子切断时，往往会弄出很多毛刺，或变形开裂。这时可找一段与管直径相配的金属丝，塞进管中。在金属丝表面要涂上润滑油，以便将来取出。这样再切管子就能有效避免毛刺和变形开裂。

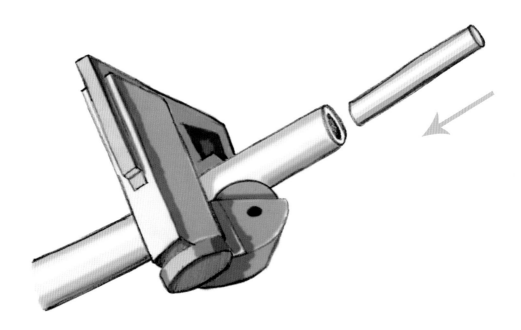

## 线路整理

　　将油管沿着螺旋线切开。把机身内凌乱的线路整理好，装在这个切螺旋线的油管内，机身内立刻会变得整齐多了。

## 螺丝刀磁头

将螺丝刀的头贴在磁铁上存放，端头就有了磁性。

使用时可以将小零件吸在上面，操作起来非常方便。

## 加热软化防松螺纹胶

如果使用了螺纹胶，卸下螺钉时会很困难。可以用电烙铁加热螺钉，螺纹胶软化后，即可用螺丝刀轻松拧下。要说明的是，螺钉会非常烫，须注意避免烫伤。

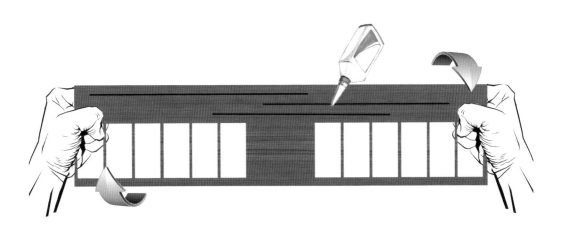

## 矫正扭转的机翼

　　如果制作机翼时做扭了，那么可以在蒙板上沿着翼梁的方向划几条平行的直线裂口，然后用双手将机翼拧到平直状态。由助手把足量的 502 胶水涂在裂口处，待胶干后再松手，这样机翼就会被矫正。修复后的机翼性能虽然不如一次就做好的机翼，但是总比扭转的机翼好用很多。

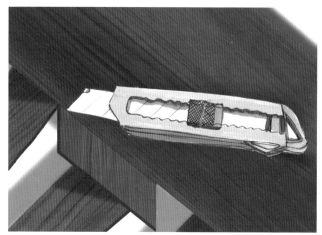

## 机翼腹板切割方法

　　机翼腹板的木纹方向应该垂直于翼梁。先将轻木片裁成合适的宽度，粘在上下翼梁的两侧，然后用裁纸刀沿着翼梁边缘裁切轻木片，待划出一半深度的沟槽后，将多余的木片向翼梁一侧一掰就取下来了，断口比较整齐，用砂纸稍加打磨即可。

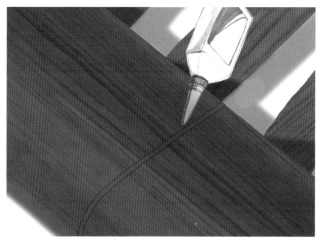

## 轻木屑填补缝隙

在制作模型飞机蒙板时，有时难免会留下一条缝隙。可以用砂纸打磨轻木块，然后将打磨下来的轻木屑收集起来，填入缝隙，并用 502 胶水将其浸润。待胶干后用砂纸打磨光滑，缝隙就会"消失"了。

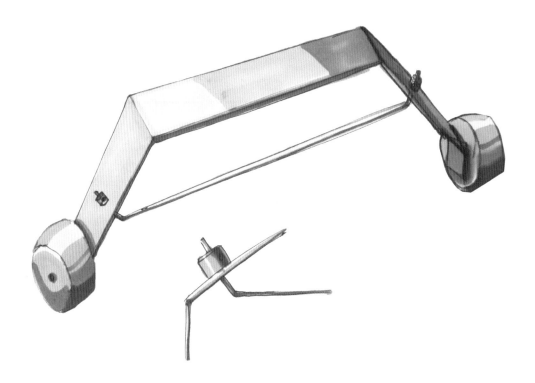

## 增加起落架的强度

重着陆后起落架很容易变形，弯来弯去很麻烦，不如防患于未然，增加它的强度。截取合适长度的连杆，再在起落架两侧同等高度打孔，将连杆两端稍微弯折插入孔中，最后用轮挡固定。这样起落架就不会轻易变形，而且重着陆时模型也不易跳起。

## 加固起落架连接处

　　钢丝起落架连接处可用铜丝缠绕，再用焊锡加固。先用电烙铁加热铜丝底端，并将焊锡条置于铜丝顶端。焊锡熔融后会在自重的作用下渗入铜丝之间，效果较好。

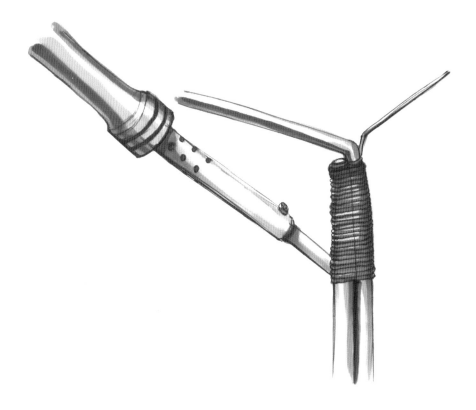

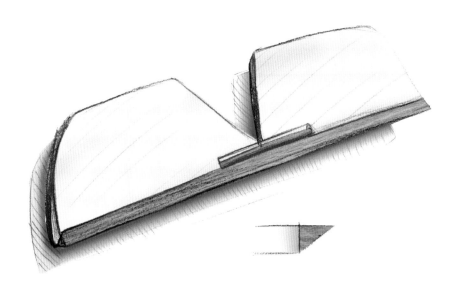

## 操纵面的轻木前缘

在制作泡沫模型飞机时，往往需将操纵面的前缘削成一个斜坡，这样难免会留下锯齿状的刀痕。有一个办法，仅以增加很小的重量为代价，就能改善操纵面的准确度和刚性：以 5 mm 厚的副翼为例，在副翼前端切除 5 mm 宽的一条，切口与副翼上下表面垂直；用一根 5 mm×5 mm 的轻木条削成直角三角形截面长条，用胶水将一直角面粘在副翼前端即可。

## 更稳固地安装螺旋桨

　　如果安装螺旋桨的螺母表面过于光滑，摩擦力较小，可能会发生螺旋桨打滑的现象。针对这种情况，可以用电动打磨头在螺母与螺旋桨接触的表面打磨出适量浅浅的凹痕以增加摩擦力，使螺旋桨安装得更稳固。

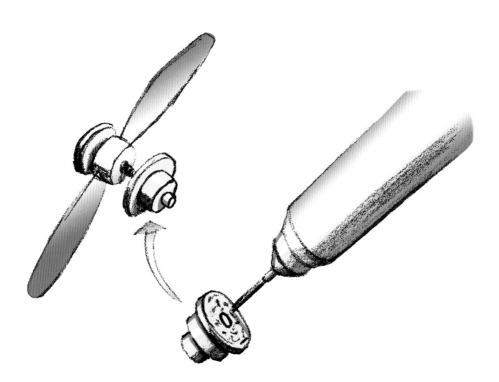

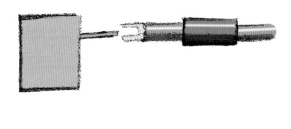

## 更牢固地焊接

如果要把比较粗的一束电线焊接在扁平的接头上，很容易出现焊接不牢的情况。这时可将电线裸露的一端切出一个凹槽，使其恰好嵌入扁平的接头，然后再将二者焊接在一起，并用热缩套管紧紧套住。这样，一个非常牢固的接头就焊好了。

# 加固玻纤管（杆）

有时候需要做一根短连杆或受扭传动杆件，因为重量轻、易加工，所以便宜的玻璃纤维管（杆）是不错的选择。然而玻纤材料的横向受力性能不好，容易裂开，尤其在上面钻孔更费劲，怎么才能改善其横向受力性能呢？

剪下几毫米长、内径稍小于玻纤管(杆)直径的硅胶管，套在玻纤管(杆)上需要打孔的地方，再用电钻给玻纤管(杆)打孔。这样不但操作轻松，而且不易裂开。打完孔后在硅胶管与玻纤管（杆）的接触面上滴一点胶水，效果更佳。

## 胶水瓶防倒

　　有时胶水瓶子会倒在桌子上。胶水洒出来后处理很麻烦。从蜡液固定蜡烛的方法得到启发，可以把胶水瓶粘在木片上，增大底面，这样就不易倒了。记得把木片边缘的毛刺处理干净，免得伤手。

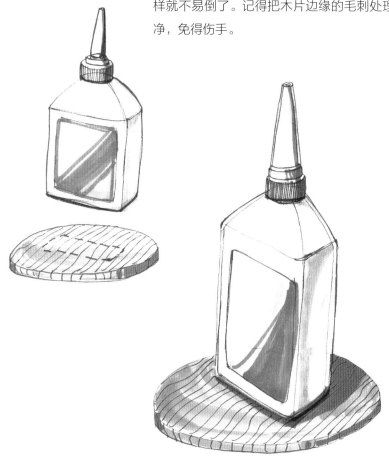

## 螺丝钉防掉

如果螺丝刀头没有磁性，小螺钉难免会掉。可以截取一段管径合适的油管，套在螺丝刀头上，即可有效地卡住螺钉。

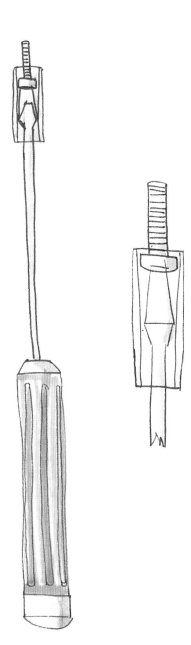

## 快干胶瓶口防干

在干活儿的间隙，快干胶的细瓶口总是很快就堵上了。可以顺手用玻璃杯把胶水瓶扣在平整的桌面上，以便减缓瓶口胶水变干。

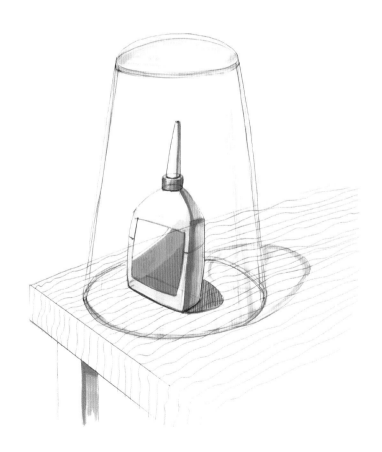

## 硅胶密封剂防干

开启包装后，硅胶密封剂存放时间太长会干掉，影响使用。可以在瓶口挤入适量凡士林，将空气隔绝在外，有利于长时间保存。

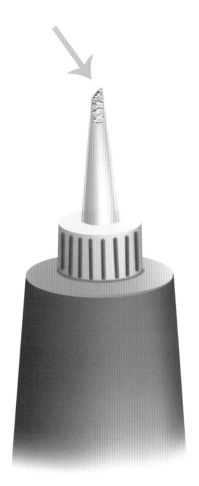

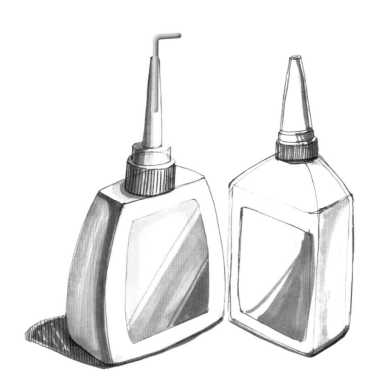

## 胶水防干

经常一打开胶水瓶就发现瓶口又被干掉的胶水堵上了。可以用一根铁丝弯出一个直角，将较长的一端插入胶水瓶代替瓶盖，这样能更好地密封。使用时，只需拔出铁丝堵头即可。

## 安全防护

### 护手霜润滑剂

冬天在外场，如果需要润滑剂，但是忘了带，可以借女朋友的凡士林护手霜一用，效果还不错。

## 延长油针

油针距离螺旋桨和发动机很近，一不小心就会打到或烫伤手指，可以将其适当延长，这样会更加安全。将弹性钢索一端焊接在油针端头，另一端穿过机身侧板，即可实现远距离调整发动机油针。

## 机载点火电源

可以安装一套机载点火电源，使启动发动机的过程变得更安全。将充电电池、电池安装座、拨动开关及电热塞连接头按照图示按方法连接起来。启动发动机时，只需将拨动开关打开即可。这样比较安全，能有效减小手指被螺旋桨打到的事故概率。

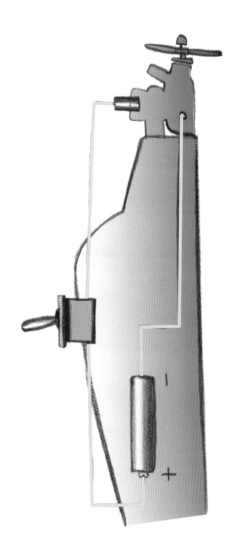